高职高专计算机类专业规划教材——虚拟现实应用技术系列

Maya 渲染项目教程

杨静波　李亚琴　主编

电子工业出版社
Publishing House of Electronics Industry
北京·BEIJING

内容简介

本书内容分为上下两篇，上篇是基础知识和操作篇，主要介绍三维动画渲染技术的基础知识、Maya 渲染模块的基本操作和 Arnold 渲染器的基本操作；下篇是项目实战篇，根据典型的渲染应用，精选了三个动画和游戏公司有代表性的项目，分别涉及物体渲染、角色渲染、场景渲染三个方面，同时结合教学目标，将 Maya 渲染的重要知识点融入项目之中。

本书配套了教学资源，包括全部项目的操作视频录像、实例过程源文件、实训素材、电子课件、电子教案、拓展项目等内容，方便教学和自学。

本书适合作为高职高专院校动漫艺术设计与制作专业、艺术设计专业、虚拟现实技术专业教材，也适合作为艺术设计类、动漫艺术类的培训教材。

未经许可，不得以任何方式复制或抄袭本书之部分或全部内容。
版权所有，侵权必究。

图书在版编目（CIP）数据

Maya 渲染项目教程 / 杨静波，李亚琴主编 . — 北京：电子工业出版社，2020.8（2025.2 重印）
ISBN 978-7-121-37559-0

Ⅰ．①M… Ⅱ．①杨… ②李… Ⅲ．①三维动画软件 — 高等学校 — 教材 Ⅳ．① TP391.414

中国版本图书馆 CIP 数据核字（2019）第 213867 号

责任编辑：贺志洪
印　　刷：北京虎彩文化传播有限公司
装　　订：北京虎彩文化传播有限公司
出版发行：电子工业出版社
　　　　　北京市海淀区万寿路 173 信箱　邮编 100036
开　　本：787×1092　1/16　　印张：11　　字数：281.6 千字
版　　次：2020 年 8 月第 1 版
印　　次：2025 年 2 月第 7 次印刷
定　　价：44.00 元

凡所购买电子工业出版社图书有缺损问题，请向购买书店调换。若书店售缺，请与本社发行部联系，联系及邮购电话：（010）88254888，88258888。
质量投诉请发邮件至 zlts@phei.com.cn，盗版侵权举报请发邮件至 dbqq@phei.com.cn。
本书咨询联系方式：（010）88254609 或 hzh@phei.com.cn。

前言

全书从介绍理论及概念入手，通过实例讲解，使读者能够深入地了解Maya有关材质、贴图与渲染技术的应用及相关知识的整合。在材质方面，不仅涉及多种不同材质的编辑，还涉及贴图的制作技巧；在渲染方面，重点介绍Maya所提供的不同渲染器及如何应用在不同的视觉领域，还专门讲述了如何展开UV的操作。

《三维动画渲染项目教程——Maya材质和渲染》自2014年6月出版以来，受到了许多高职高专院校师生的欢迎。编者结合近几年三维动画技术的发展情况和广大读者的反馈意见，在保留原书特色的基础上，对教材进行了全面修订，这次修订的主要内容如下：

1. 对本书第1版存在的一些问题加以修正，对部分章节进行了完善。
2. 将Maya软件的2014版本升级为2018版本，增加了Arnold渲染器的内容和实例。
3. 贴近任务驱动教学法，以综合任务为引领，细致呈现任务完成过程，提高学生的学习兴趣。

全书共分5章。第1章介绍Maya渲染的基础界面和基本操作；第2章是水果盘渲染实例，通过实例讲解陶瓷材质、水果材质的制作要点；第3章介绍Arnold渲染器的基础界面和基本操作；第4章是角色渲染实例，讲解展开UV的操作，以及服饰材质、皮肤材质等的制作要点；第5章是使用Arnold渲染器进行室内场景渲染。

本书电子资源中的软件操作部分来自Maya资深专家有关材质、贴图与渲染技术的专业精讲。本书的配套电子素材包含书中所有实例的素材、实例过程源文件、操作视频录像等，以方便读者学习参考。本书适合Maya初学者或已在CG业界工作多年的从业人员阅读与参考。

本书由杨静波、李亚琴任主编。在教材的编写过程中，得到了学校和企业专家的大力支持，在此表示感谢。

由于编写时间仓促，本人水平有限，书中难免有不足之处，恳请各位读者朋友批评指正。衷心希望本书分享的编者多年积累的教学和制作经验，能对各位读者有一点帮助。

杨静波

2020年7月

目 录

第 1 章　Maya 渲染基础　\1

1.1　Maya 渲染基本概念　\2
1.2　Maya 渲染通用【Common】设置　\2
1.3　Maya 渲染视图【Render View】　\6
1.4　Maya 软件渲染器设置　\12
1.5　摄影机【Camera】创建与设置　\15
1.6　Maya 灯光类型　\20
　　1.6.1　灯光【Light】创建与设置　\20
　　1.6.2　灯光【Light】属性设置　\24
1.7　灯光阴影【Shadows】属性设置　\28
1.8　Maya 材质【shade】基本概念　\30
1.9　Maya 材质类型与指定方法　\32
1.10　Hypershade 编辑器使用方法　\34
1.11　Maya 常用材质通用属性设置　\36
1.12　Maya 常用材质高光反射折射设置　\40
1.13　Maya 纹理类型与纹理放置节点设置方法　\44

第 2 章 水果盘渲染 \49

2.1 水果盘任务 1——灯光阴影 \50
2.2 水果盘任务 2——果盘材质 \53
2.3 水果盘任务 3——水果材质 \55
2.4 水果盘任务 4——桌布材质 \58

第 3 章 Arnold 渲染器 \61

3.1 Arnold 渲染器简介 \62
3.2 感受 Arnold 渲染 \62
3.3 Arnold 渲染器设置 \64
3.4 Arnold 灯光类型与属性设置 \68
3.5 Arnold 标准表面材质属性设置 \72

第 4 章 Arnold 角色渲染 \75

4.1 角色 UV 拆分 \76
  4.1.1 UV 纹理编辑器使用基础 \76
  4.1.2 角色头部及躯干 UV 拆分方法 \80
  4.1.3 服装及发饰 UV 拆分方法 \89
4.2 卡通角色纹理绘制方法 \92
4.3 角色 Arnold 材质制作 \99
  4.3.1 角色皮肤 SSS 材质制作要点 \99
  4.3.2 牙齿及眼镜材质制作要点 \107
4.4 Arnold 卡通角色灯光与渲染制作要点 \111

第 5 章 Arnold 室内场景渲染 \117

5.1 室内场景渲染流程介绍 \118
  5.1.1 选择相应的渲染器 \118
  5.1.2 场景整理：归类与分组 \119
  5.1.3 物体纹理 UV 拆分 \120

5.2 场景中物体的布料材质效果制作 \120
    5.2.1 制作分析 \120
    5.2.2 制作步骤 \121

5.3 场景中物体的不锈钢金属材质效果制作 \135
    5.3.1 制作分析 \135
    5.3.2 制作步骤 \135

5.4 场景中物体的玻璃材质效果制作 \139
    5.4.1 制作分析 \139
    5.4.2 制作步骤 \139

5.5 场景灯光照明与环境设置 \146
    5.5.1 制作分析 \146
    5.5.2 制作步骤 \146

5.6 渲染输出设置 \159
    5.6.1 制作分析 \159
    5.6.2 制作步骤 \160

参考文献 \167

第 1 章
Maya 渲染基础

关键知识点

- Maya 渲染基本概念
- Maya 渲染通用【Common】设置
- Maya 渲染视图【Render View】
- Maya 软件渲染器设置
- 摄影机【Camera】创建与设置
- Maya 灯光类型
- 灯光阴影【Shadows】属性设置
- Maya 材质基本设置

1.1　Maya 渲染基本概念

　　渲染的目的是得到最终的二维图片,能够展示设计效果,与摄像、摄影作品供人观看是一样的。渲染的基本概念就是将三维场景中的所有对象进行最终的输出,渲染也是三维制作的最后阶段,渲染的质量直接影响图片最终的视觉效果。整个的三维制作到渲染输出的过程与现实中拍电影、电视剧相似,比如演员与场景、道具,等等,就好比在三维场景中进行建模;演员的化妆,场景的色调、布置,就相当于给物体进行材质的指定;在现实拍摄过程中还需要灯光,三维场景也需要灯光;现实中需要摄影机进行拍摄,此时的摄影机还没有开机记录的话,它与三维场景中的摄影机是一样的,三维场景的摄影机可以实时观看当前的场景效果。我们渲染生成图片,整个设计过程才算完成,这与现实生活中按下摄影机的拍摄开关道理是一样的。之前做的一切都是准备工作,当一切工作准备好以后,通过渲染的方式生成基本的图片来给大家观看,这个就是渲染的基本概念。

　　现实中,用手机、通用的相机与专业的摄影机是有区别的,记录的最终效果也会存在差异,那么在 Maya 中也存在不同的渲染器。不同的渲染器之间也有很大的区别与特定的目的,这就需要在日常工作中,根据不同的需求来选择。就好比现实中的一样,如果只是日常简单的记录就可以用手机,如果要拍摄高品质的画面就要选择专业的器材和设备来进行记录。要根据场景的复杂程度,寻找渲染效果、画面精度和渲染时间之间的平衡。想要得到最好的效果,那么在三维渲染中就要花费更多的渲染时间,因此最高效的做法是在尽可能少的时间内来生成质量足够好的图片以便满足最终的生产需求或客户要求,这些就是我们在渲染时要了解的基本概念。

1.2　Maya 渲染通用【Common】设置

【制作步骤】

　　打开实例文件 MAYA Modeling and Rendering\08MAYA_Rendering_Foundation\0815 教学案例 \08_MAYA_Rendering_Foundation\scenes\Basic_Scene_01.mb。

　　步骤 01：在状态栏中单击渲染设置按钮,打开窗口,如图 1-2-1 所示。也可以在窗口菜单中找到渲染编辑器,打开渲染设置,如图 1-2-2 所示。渲染设置面板有两大类：一个是【Common】通用面板，另一个是渲染器的设置面板【Maya Software】。无论选择哪个渲染器，通用面板都不会改变，而渲染器有软件渲染器（Maya Software）、硬件渲染器（Maya Hardware）、矢量渲染器（Maya Vector）和 Arnold 渲染器。选择的渲染器不同，渲染方式及需求也不同。软件渲染器（Maya Software）是在场景中对灯光、材质的参数进行测试时使用的；硬件渲染器主要用于场景的显示；矢量渲染器主要用于渲染卡通角色的二维线条效果；Arnold 渲染器是电影级渲染器，基于物理算法，渲染的模型效果更加逼真。

图 1-2-1　　　　　　　　　　　　　　　　图 1-2-2

步骤 02：通用面板中主要以分隔面板的方式来进行归类，如图 1-2-3 所示。首先进行颜色管理，这组参数在基础设置时不需要调节，通常保持默认的参数即可。若需要在三维虚拟色彩上与实拍素材进行匹配，则可以进行适当调节。

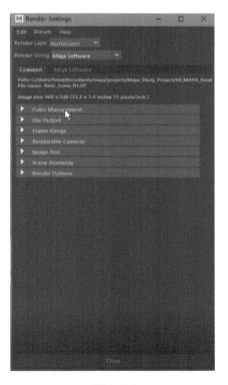

图 1-2-3

步骤03：第二个分隔面板用于文件的输出设置，设置如何将当前渲染的图像场景进行输出。主要进行的是文件名的设置，如图1-2-4所示，接下来设置文件保存的格式，日常用的主要是JPG、BMP等格式，然后设置帧和动画的扩展方式，选择带*的文件名，输出的是一段序列，【Single Frame】表示单帧渲染扩展方式。序列号的位数，输入几个序列号就有几位数。如果需要自定义扩展，在图1-2-5中进行勾选（Use custom extension），并在下方进行编辑。

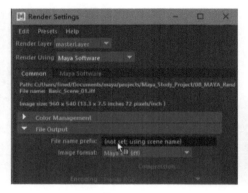

图 1-2-4　　　　　　　　　　　　　　　图 1-2-5

步骤04：渲染动画时，就在下方渲染范围里设置需要渲染的范围，如图1-2-6中输出的时间范围为1至100帧，通过开始帧与结束帧来确定范围。间隔设置【By frame】，如果设为1代表每一帧输出一张图像。这个操作可以加速动画的播放流程。

图 1-2-6

步骤05：渲染摄像机的选择，如图1-2-7所示，默认选择透视图，也可以选择侧视图、前视图等，这里设置的是动画的批量渲染输出，同理批量渲染动画时也要设置摄影机，渲染时通常需要输出Alpha通道。Z通道一般不需要勾选，它通常用于特殊的渲染输出。

图 1-2-7

步骤 06：图像尺寸的设置，如图 1-2-8 所示。最终输出的图像大小，主要通过这里的参数进行设置。默认的格式是 HD540 格式，实际大小是 960 像素 ×540 像素，通常直接选择预设，也可以进行手动输入。像素比与设备比，通常用像素比来进行图形尺寸调节。宽高的长度单位，默认使用像素，比较符合日常播出格式设定。画面的解析度，默认画面格式为 72 分辨率，这是一个标准设定，与显示器的分辨率相匹配。设备比与像素比的设定，在没有规定时，一定要将像素比设为 1，否则像素的宽高比将进行变换，如果没有特殊要求，则无须进行更改。

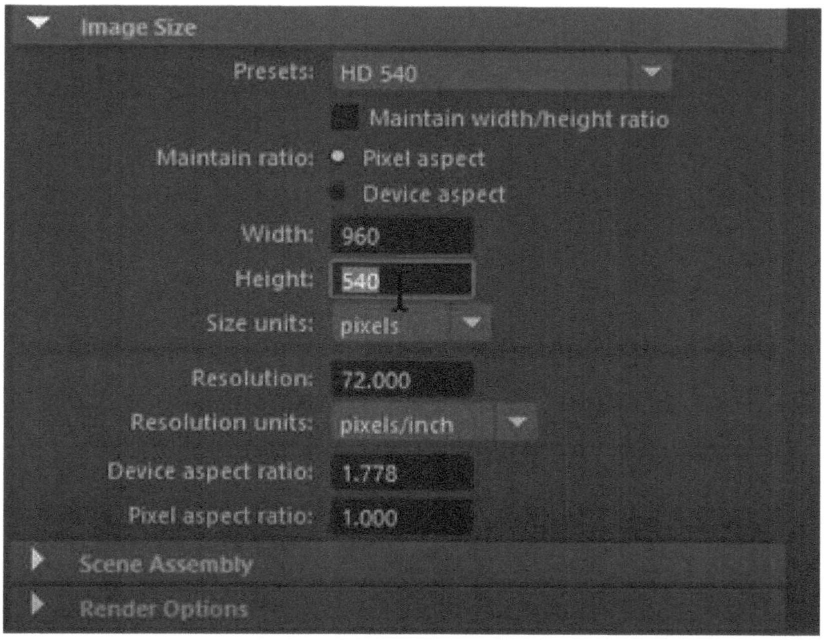

图 1-2-8

步骤 07：其他设置，例如，渲染选项中取消默认灯光的启用，可以利用默认灯光进行测试操作。在进行最终的渲染输出时，一定要取消此选项的勾选。此选项只有不进行最终渲染或没有其他灯光时可以保留，因为默认灯光会在最终渲染时造成不必要的干扰。

这些就是所有渲染器通用设置的参数，大家可以逐个地进行熟悉。

1.3 Maya 渲染视图【Render View】

目的：主要用来查看渲染结果及对渲染结果执行相应操作的视图窗口。

【制作步骤】

步骤01：可以通过单击状态栏中带眼睛的图标 ，来打开 Render View 渲染视图窗口。也可以通过【Windows】菜单下的渲染编辑器子菜单中找到【Render View】，同样可以打开此视图窗口，如图 1-3-1 所示。

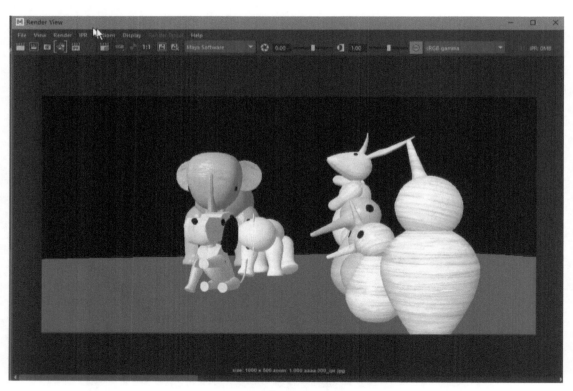

图 1-3-1

步骤02：熟悉窗口菜单中的一些操作。

步骤03：学习【File】菜单中的功能。

1. 在【File】菜单中选择"打开图像"【Open image】选项，可以查看外部图像，如图 1-3-2 所示。

图 1-3-2

2. 在【File】菜单中选择"保存"选项，在打开的"保存"对话框中可以进行相应的设置。【Color Managed Image-View Transform embedded】选项可以最大限度地保留图像的颜色，在选择保存路径后进行保存，如图 1-3-3 所示。

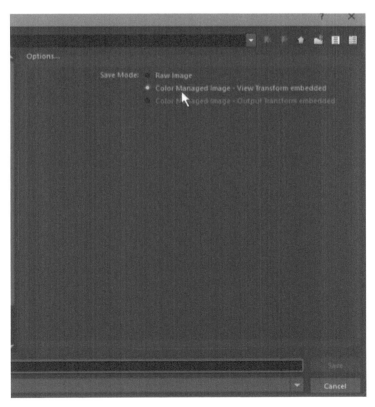

图 1-3-3

3. 打开渲染对话框【Render Diagnostics】，出现脚本编辑器，用于记录当前在执行渲染时的操作过程和反馈信息等，如图 1-3-4 所示。

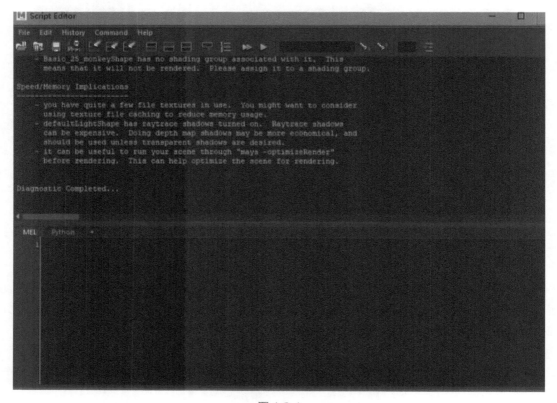

图 1-3-4

4. 在【File】菜单中，选择"暂存"【Keep Image In Render View】选项。该操作并不是进行保存操作，只是在渲染视图中进行一个暂时保存处理。此操作可以在渲染视图中暂存多张渲染效果，方便多张渲染进行对比。可以对渲染过的图像进行清除操作，或者通过命令方式移除视图中的所有图像。状态栏中相应功能的图标如图 1-3-5 所示。

图 1-3-5

步骤 04：学习【View】菜单中的功能。

1.【View】菜单中的【Frame Image】框选功能，可以对视图进行缩放、平移、最大化全屏预览等操作。

2.【Frame Region】为选择范围操作，可以在视图中任意选择某一范围进行操作及查看，如图 1-3-6 所示。

图 1-3-6

3.【Real Size】实际尺寸（1∶1）的效果，在放大及缩小过程中，可以选择快捷菜单中的【1∶1】选项进行 1∶1 效果查看。

4.【Show Region Marquee】和【Reset Region Marquee】用于显示范围，选择后视图中会显示一个红色的框，再进行框的设置，如图 1-3-7 所示。

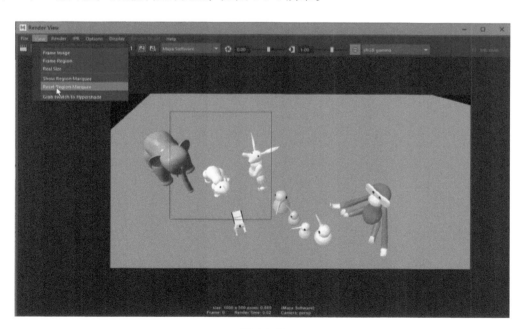

图 1-3-7

步骤 05：学习【Render】菜单中的功能。

1.【Redo Previous Render】命令表示重做上一次的渲染，单击以后就会重复上一次的渲染。

2.【Render Region】用于显示渲染范围框，单击之后，可以手动确定渲染区域，如图 1-3-8 所示。

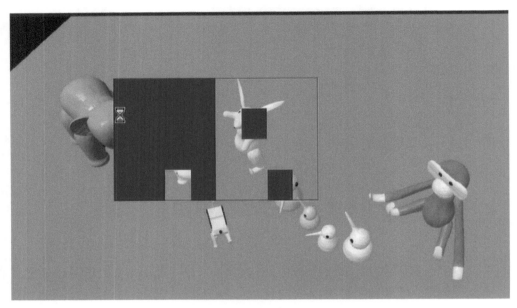

图 1-3-8

3.【Render Selected Objects Only】表示只渲染被选择的物体，如图 1-3-9 所示。

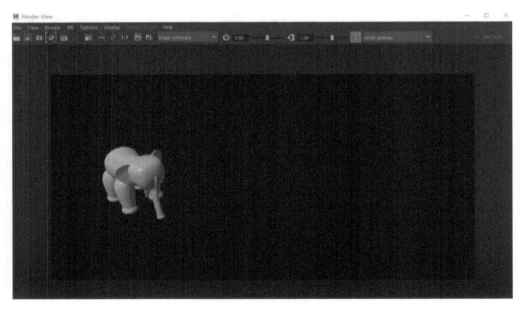

图 1-3-9

4.【Render】菜单项，可以指定相应的摄影机进行不同的视图渲染。【Snapshot】用于框选部分，然后对框选部分进行渲染，可以加速在不同场景中的操作速度，如图 1-3-10 所示。

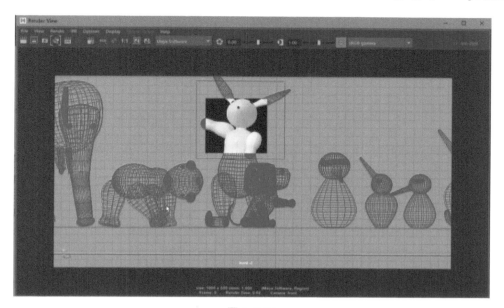

图 1-3-10

步骤 06：学习【IPR】菜单中的功能。

1.【IPR Render】IPR 渲染，进入到交互渲染的状态，直接切换视图的视角，如图 1-3-11 所示。

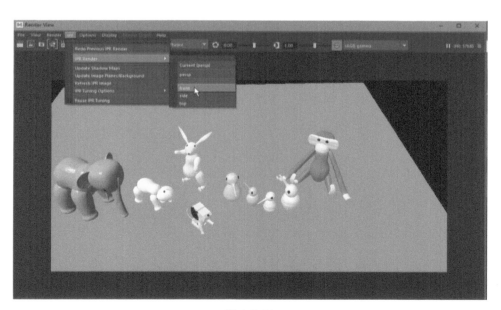

图 1-3-11

2.【Refresh IPR Image】用于刷新 IPR 的视图，主要用在调整某种材质时。

步骤 07：一些选项的操作。

1.【Options】菜单中【Render Using】渲染器的选择及【Test Resolution】测试分辨率的选择，选中这些选项后画面越大渲染花费的时间越长，反之越短，如图 1-3-12 所示。

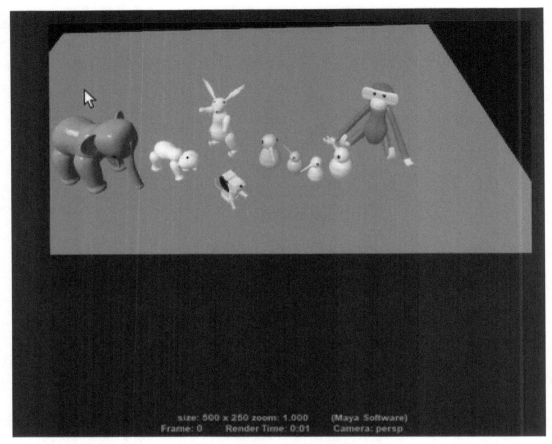

图 1-3-12

2.【Display】用于查看图片的通道、亮度等显示，使我们在后期可以更好地看到图像的一些信息。

1.4 Maya 软件渲染器设置

【制作步骤】

步骤 01：打开 Maya 渲染设置窗口，首先将渲染器切换到 Maya 软件渲染，然后切换到 Maya 软件渲染的设置窗口。在渲染设置窗口中列出了需要掌握的相关渲染设置知识。画面的抗锯齿质量的设置，如图 1-4-1 所示，抗锯齿质量主要用于控制渲染过程中 Maya 如何实现物体边缘抗锯齿效果。如果以默认的参数进行渲染，视角推进物体进行观看，这时可以细致地观察当前物体的边缘效果——严重锯齿状的状态，如图 1-4-2 所示。

第 1 章　Maya 渲染基础

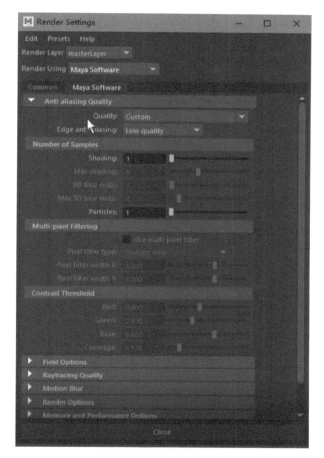

图 1-4-1

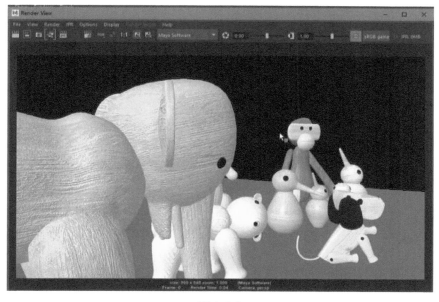

图 1-4-2

13

步骤 02：如图 1-4-3 所示，抗锯齿的分类会影响抗锯齿的质量，当前抗锯齿的值为系统自定义的值，如果保持自定义状态，渲染出来的效果是低质量画面效果。【Quality】的下拉列表中有以下选项：预览质量【Preview quality】，此时的渲染速度最快，当然画面质量也是最差的；中间质量【Intermediate quality】，比预览质量好一点，处于产品质量的中间位置，主要用于测试渲染；产品级渲染【Production quality】，主要用于不包括 3D 运动模糊场景及低对比度场景；如果需要 3D 运动模糊场景的渲染则可以选择【3D motion blur production】；【Contrast sensitive production】主要用于提高低对比度的场景。进行渲染时，通常使用产品级渲染方式，如果需要开启相应的功能，也可以进行相关的设置。

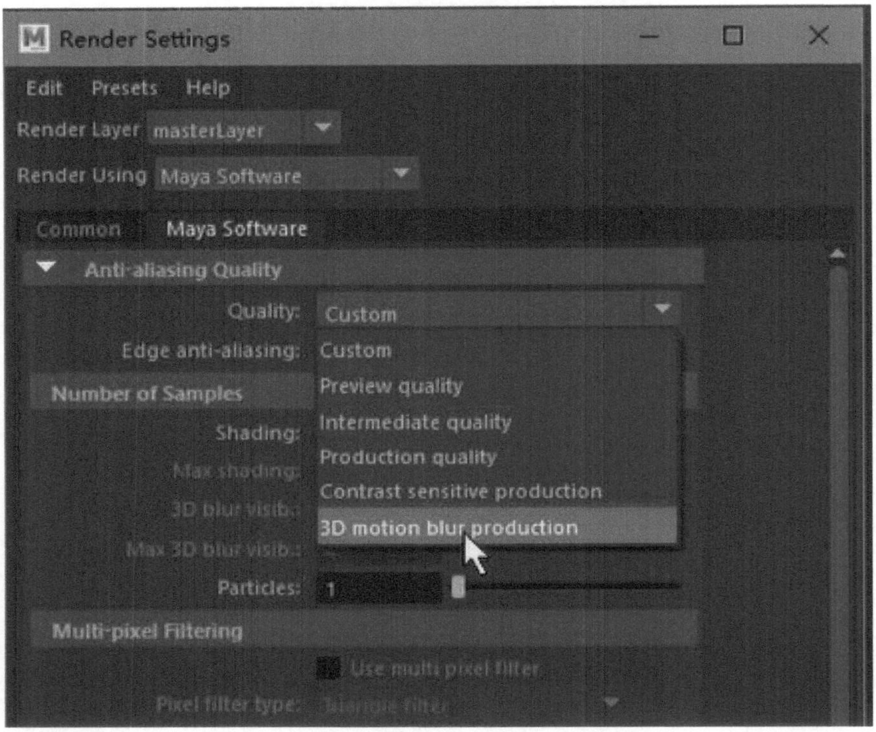

图 1-4-3

步骤 03：具体的抗锯齿采样数量。【Shading】指所有曲面的材质采样数量，主要对抗的是表面的光影过渡信息。【Max shading】指它的最大值，它是在基础值和最大值之间进行的优化选择，离得越近，采样数量越多，反之越少。【3D blur visib】指 3D 的模糊设置，通过对抗锯齿及它的最大值、焦点模糊来进行抗锯齿设置。【Particles】主要是对粒子的抗锯齿设置。这些数值越大，质量越好，渲染时间越长。

步骤 04：多像素过滤【Use multi pixel filter】，使用这个选项会提供许多预算方式，根据不同的预算方式，得到的质量也不相同,【Pixel filter width】X Y 两个数值越小，锐度越小，越清晰。

对比度的设置【Contrast Threshold】一般不进行更改。场的设置【Field Options】，对于老的播放平台需要更改，其他平台不进行改变。运动模糊设置【Motion Blur】（注：这些设置在图 1-4-3 中未显示），存在两种方式：一种是 2D 的，另一种是 3D 的。如果不做要求就不需要更改。其他的渲染选项的设置，通常不做更改，这些就是 Maya 软件渲染器的主要设置。

1.5 摄影机【Camera】创建与设置

Maya 在默认情况下提供了 4 个摄影机，在渲染过程中会受到角度、范围的限制。在渲染过程中，可以手动创建新的摄影机，进行最终的查看与渲染。

步骤 01：创建摄影机。

1. 在创建【Create】菜单中找到摄影机【Camera】命令。在摄影机【Camera】命令中，Maya 给我们提供了多种摄影机，如图 1-5-1 所示。这些摄影机的属性基本一致，主要是对单一摄影机进行的一个组合，大致分为普通和立体摄影机两大类。

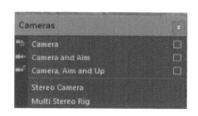

图 1-5-1

2. 单击摄影机【Camera】命令，在场景中创建一个摄影机。单击【Camera and Aim】目标摄影机，可以移动摄影机并带有目标点，也可以用于追踪目标。【Camera Aim and Up】带有摇动效果的摄影机，可以通过这个方式来旋转摄影机。这些摄影机在根本上都是一样的，如图 1-5-2 所示。打开【Outliner】大纲视图，可以查看摄影机，如图 1-5-3 所示。

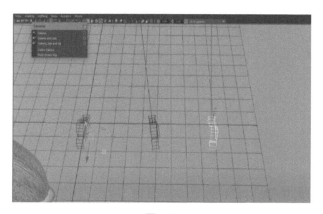

图 1-5-2

图 1-5-3

3.【Stereo Camera】立体摄影机，Maya 在一个组合中可以创建 3 个摄影机用于观察当前的场景，如图 1-5-4 所示。

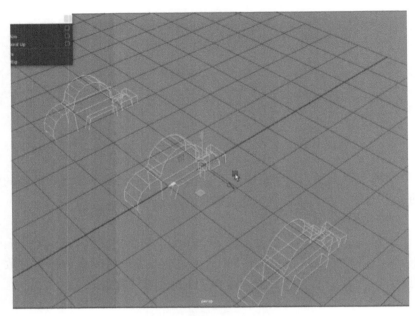

图 1-5-4

4.【Multi Stereo Rig】多重摄影机，可以创建更加丰富的视角及立体画面，如图 1-5-5 所示。

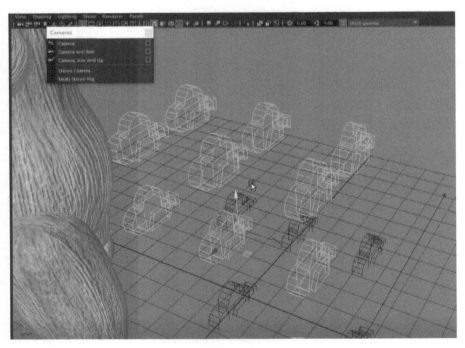

图 1-5-5

步骤 02：摄影机的设置。

1. 在视图【Panels】面板中选择【Perspective】，就可以找到摄影机，切换到摄影机视图，进入到当前摄影机的视角查看场景，通过这个方式可以切回透视图。

2. 在属性编辑器中查看属性。

（1）视角的设置，默认 35mm 的镜头效果，相应视角大约为 54 度。打开解析框便于查看，如图 1-5-6 所示。可以修改【Focal Length】来改变窗框大小，焦点越长视角就会越小。

图 1-5-6

（2）在【Frustum Display Controls】中勾选相关选项，可以看到摄影机的视锥效果，如图 1-5-7 所示。

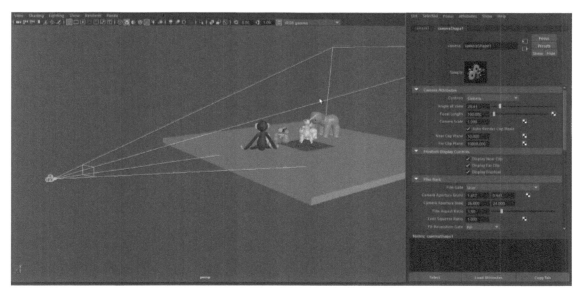

图 1-5-7

（3）可以选择胶片格式，其下有不同的电影摄影机，不同电影摄影机也就意味着成像平面大小不一样，也影响着成像的焦点。【Depth of Field】景深设置，开启之后，会看到景深效果。先取消景深效果，再切换到透视视图，使用测量工具，可以测量摄影机与物体之间的距离，如图1-5-8所示。

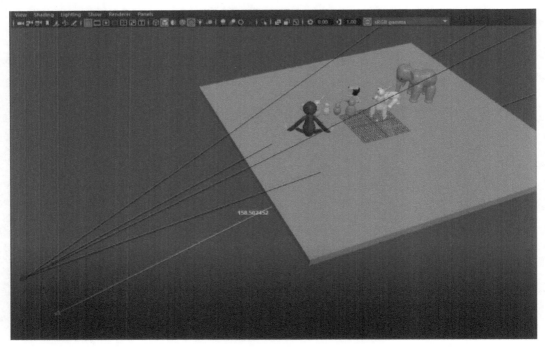

图 1-5-8

（4）根据距离更改摄影机的焦点，比如焦点落在物体上，设置如图1-5-9所示。然后设置FS top中的数据，如图1-5-10所示，可以与图1-5-9进行对比。

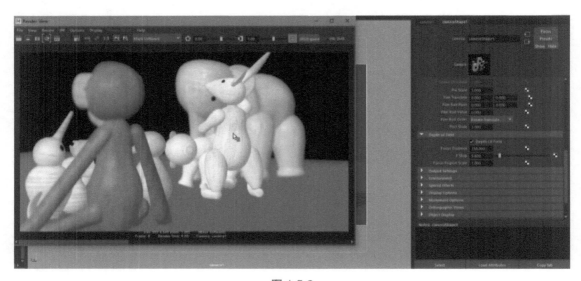

图 1-5-9

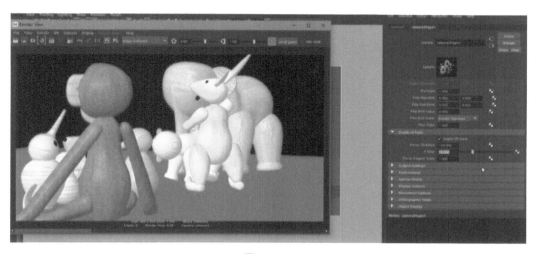

图 1-5-10

（5）渲染输出时图像的设置如图 1-5-11 和图 1-5-12 所示。

图 1-5-11

图 1-5-12

1.6　Maya 灯光类型

1.6.1　灯光【Light】创建与设置

【制作步骤】

步骤 01：单击创建【Create】菜单选择灯光【Lights】选项，如图 1-6-1 所示，将菜单拖动到场景中。不同类型的灯光具有不同的特点，但这些灯光却有相同的属性。在场景中创建环境光【Ambient Light】，环境光的特点是布置了非常多的光线，相当于在阴天大气层反射下来的光线效果，这个时候对整个物体形成比较均匀的照明效果。这些灯光渲染后的效果如图 1-6-2 所示，环境光是从四周均匀投射的，离光源近的物体比较亮。

为了单独显示其他灯光的效果，可以删除环境光。

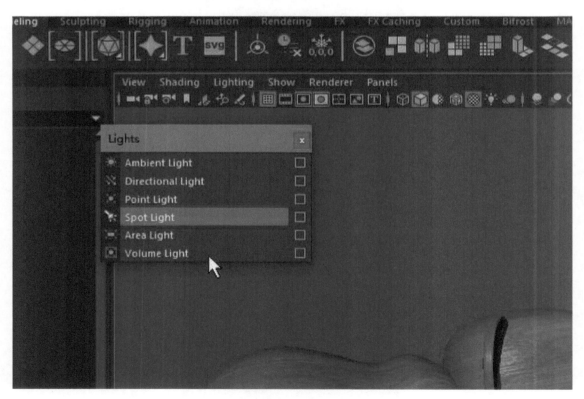

图 1-6-1

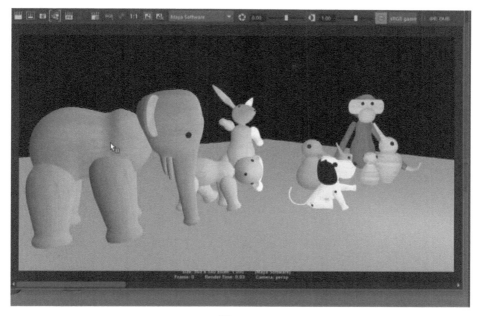

图 1-6-2

步骤 02: 创建平行光【Directional Light】，对它进行放大显示有利于观察灯光的方向。切换到灯光视图，通过旋转灯光照明角度进行相应效果的查看，如果要查看最终的状态，需要进行渲染，如图 1-6-3 所示，具有明确的方向性。但是当前的灯光是一种平行光，它没有明确的位置，可以模拟太阳光线。

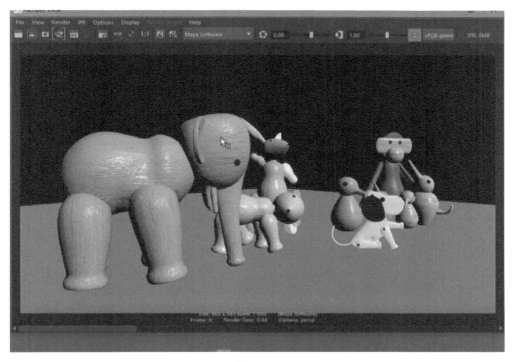

图 1-6-3

步骤 03：创建点光源【Point Light】，点光源由一个点向四周辐射照明，具有明确的光源效果，通常用于模拟灯泡及其他具有点状的灯光效果。

步骤 04：关闭灯光视图，创建聚光灯【Spot Light】，如图 1-6-4 所示，可以进行放大显示有利于观察灯光形态。聚光灯用于一个点的光源位置进行一个角度的照明，可以模拟汽车灯光效果。打开灯光视图，这时它形成了一定的照明范围，如图 1-6-5 所示，这个就是聚光灯的照明效果，也可以通过参数调节来改变照射角度。

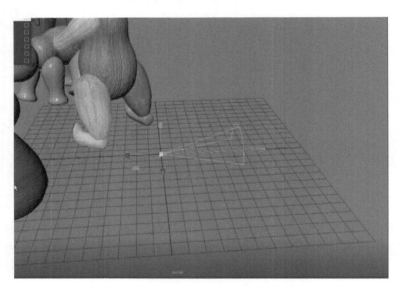

图 1-6-4

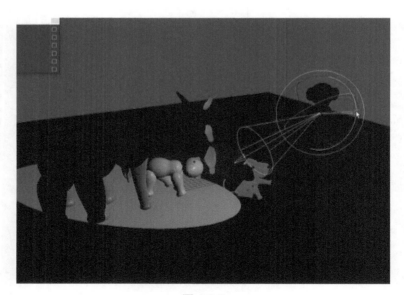

图 1-6-5

步骤 05：删除聚光灯。面光源也是区域光，在场景中关闭灯光视图，对区域光进行放大，区域光的放大和缩小会影响它的亮度。打开灯光显示效果，如图 1-6-6 所示，放大当前灯光时亮度增加，它主要是在阴影的上面获得更加真实的近实远虚的特点，是更加真实的灯光。

图 1-6-6

步骤 06：最后介绍一下体积光【Volume Light】，通过渲染来观察其效果，如图 1-6-7 所示，只有体积光笼罩的部位才有光的显示，有明确的光源，在物体照明时不要进行遮挡。体积光主要用于模拟火柴、蜡烛的照明范围。

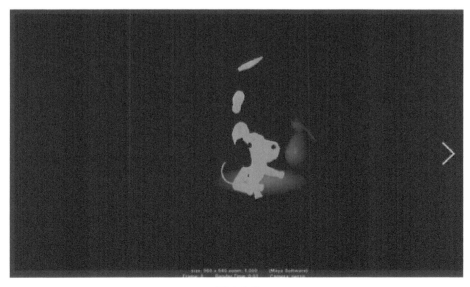

图 1-6-7

1.6.2 灯光【Light】属性设置

【制作步骤】

步骤 01：依次创建这些灯光，将它们隔开一定距离。首先创建环境光，其在右侧属性栏中的属性特征主要有颜色、强度及默认照明属性链接等。其次创建点光源，点光源属性主要有颜色、强度及默认照明属性（包括衰减属性）。再次创建平行光，平行光的属性主要有颜色、强度，基本属于通用属性。接着创建面光，面光的属性有颜色、强度及阴影等。最后创建体积光，体积光相对特殊一点，其属性有体积形态的颜色范围。这里主要以聚光灯为例讲解灯光的属性，因为聚光灯增加了锥角的设置。

步骤 02：在场景中只保留聚光灯，如图 1-6-8 所示，通过面板中的沿选定对象观看【Look Through Selected】方式进行适当的照明角度调节。

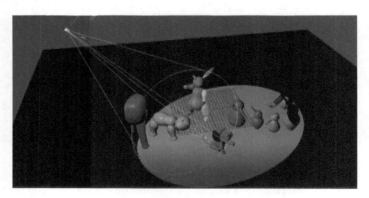

图 1-6-8

回到透视图，放大聚光灯，便于观察，开启灯光视图以改变颜色，单击色块按钮弹出色彩选择界面，选择相应的颜色。颜色的明度代表亮度，饱和度代表颜色的浓艳程度，色相代表不同色彩。如果选择白光后还想增加亮度，在如图 1-6-9 所示界面中进行编辑，亮度就会增加，通常情况下不使用这种方式来增加亮度。

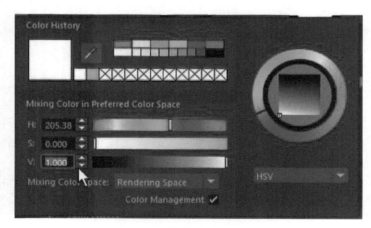

图 1-6-9

亮度【Intensity】选项，用于控制光照的亮度。默认照明属性，关闭【Illuminates by Default】选项，灯光就不再对场景进行照明，如图1-6-10所示。

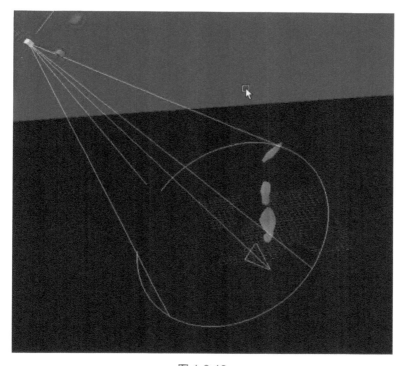

图 1-6-10

但这不意味着灯光没有照明能力，其原因是与场景没有链接。在取消勾选的情况下，打开窗口，选择关系编辑器找到灯光链接，打开，如图1-6-11所示。接着在左侧选择聚光灯，右侧选择要照明的物体，这样只有被链接的才能被照明。

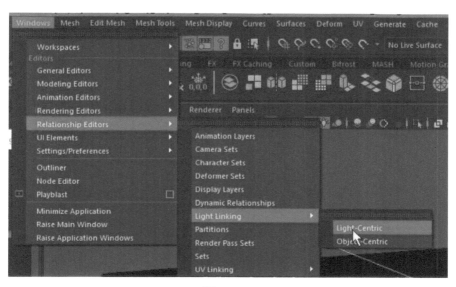

图 1-6-11

进入渲染窗口观察照明效果，如图 1-6-12 所示。

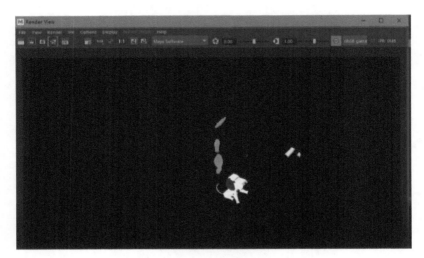

图 1-6-12

关闭漫反射【Emit Diffuse】选项，效果如图 1-6-13 所示。对于高光属性【Emit Specular】选项，如果取消选中就没有高光显示，但还有漫反射效果。对于衰减【Decay Rate】选项，Maya 的灯光是不需要做衰减处理的，它是一种理想的灯光，但不够真实。

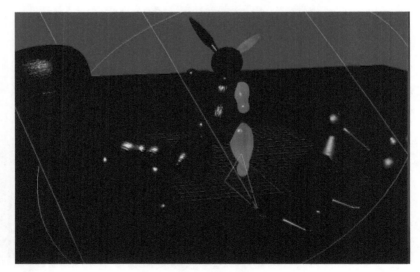

图 1-6-13

选择一次方衰减【Linear】选项，如图 1-6-14 所示，聚光灯随距离增加会变暗，这个就是衰减的效果。还可以选择二次方衰减【Quadratic】选项，以及三次方衰减【Cubic】选项。其中二次方衰减更接近真实，在衰减模式下只有通过调节亮度才能提高照明，当然默认状态下是不衰减的。锥角【Cone Angle】属性，通过增加锥角使照明角度增加。半影角度【Penumbra Angle】指光线的边缘部分的阴影效果，对于聚光灯可以显示操纵器，显示半影角度。

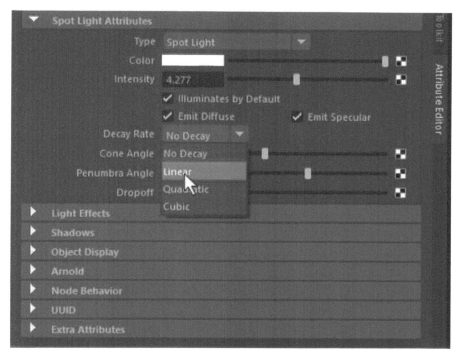

图 1-6-14

虚实效果衰减【Dropoff】，表示以中心点到边缘的衰减，如图 1-6-15 所示。通过这个衰减及半影角度的调整就能很好地显示聚光灯边缘模糊的效果。

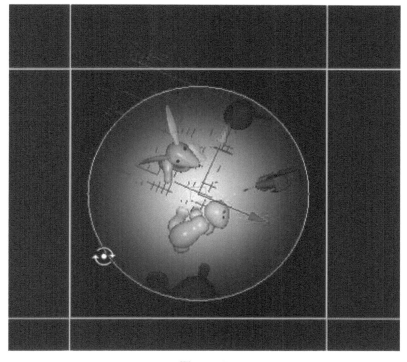

图 1-6-15

1.7 灯光阴影【Shadows】属性设置

在 Maya 中灯光有两种阴影状态,一种是深度贴图阴影,另一种是光线追踪阴影。当前版本中,设置灯光会自动打开光线追踪阴影。为了配合 Arnold 渲染器,在 Maya 软件渲染中是看不到阴影效果的,这是因为在渲染设置时没有开启【Raytracing】,如图 1-7-1 所示。灯光的阴影形式只能在这两种之间进行二选一。如果选择了深度贴图阴影,光线追踪阴影就会被关闭。

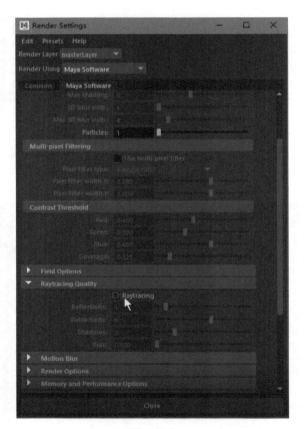

图 1-7-1

1. 深度贴图阴影

如果开启深度贴图阴影,场景可以打开阴影显示,通过 IPR 的方式进行渲染调节。将当前灯光效果进行调整,先进入灯光视图进行调节,再切换回来,进入 IPR 渲染。通过图 1-7-2 所示界面可以对阴影颜色进行控制,这里可以调节阴影颜色,但通常不会设置阴影颜色，以黑色作为标准。

图 1-7-2

深度贴图阴影的属性设置：深度贴图阴影的解析度，如果增加解析度的值可以生成更高质量的阴影。深度贴图阴影是一种模拟方式的阴影，它主要计算灯光穿过物体到投影平面的距离，以该距离生成贴图效果，也就是说它直接计算灯光到物体的相对距离，这个距离再加上投影图像的距离，最终以图片的形式作为描述这个阴影的分辨率。下面是两个选项，这两个选项一般不进行设置，这是 Maya 软件为了配合深度贴图，进行解析必须生成的选项。过滤的尺寸，相当于模糊尺寸，再与设置相对高的品质进行对比，例如，直接设置【Resolutoon】为 2048 再作对比。添加过滤尺寸【Filter Size】相当于 PS 中的模糊处理，进行渲染后再与之前暂存的 1 作比较，继续增加，进行渲染，这时得到更加模糊的效果，这样对比更加明显。偏移值【Bias】默认的是 0.1，如图 1-7-3 所示，意味着当前模型与地面接触位置，增加偏移值为 0.1，可以看到灯光阴影效果发生了偏移，与实际物体发生不符合现实的状态，因此这个地方的值一般不进行调整，只有在物体表面阴影发生错误时进行调节，直到错误被扭转停止。灯光雾的阴影，这里不再进行调整。

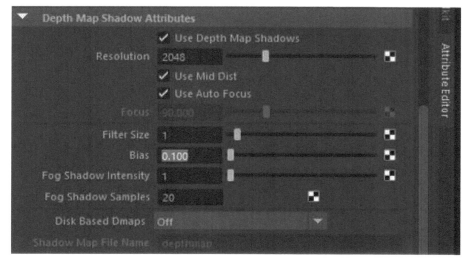

图 1-7-3

2. 光线追踪阴影

光线追踪阴影的计算方式与深度贴图阴影是不一样的，它是比较接近真实的计算方式，主要计算通过视觉观看与使用灯光所接收到的实际光影效果，这是在三维空间中，进行的实际描绘效果，使用光线追踪会得到更加真实的效果。光线追踪阴影主要解决透明物体的半透明光影效果（注：开启光线追踪阴影需要同步打开渲染设置的 Raytracing 效果）。下面根据如图 1-7-4 所示设置进行依次讲解。

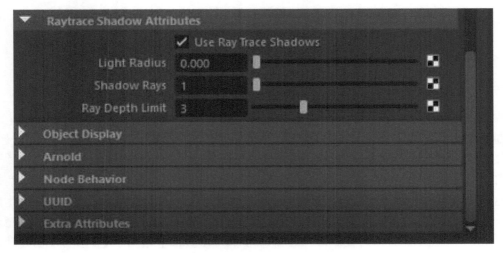

图 1-7-4

灯光的半径【Light Radius】：就是通过改变光线的半径来增加边缘的模糊程度，半径越大，模糊程度越大，当灯光的半径为 0 时，边缘形成非常实的边。

阴影光线的数量【Shadow Rays】：通过增加阴影数量来获得更高的密度，形成更好的阴影效果。

光线追踪的深度限制【Ray Depth Limit】：主要控制反射和折射的光线次数，次数越多，对于阴影的反射及透明物体的叠加穿透就越多，效果就会越加真实，通常默认为 3 次就可应付大部分的场景。

1.8 Maya 材质【shade】基本概念

【范例分析】

讲到材质和纹理贴图绘制时，必须理解 Maya 中三个单词的关系，即 Shading、Material 与 Texture 间的关系。

【制作步骤】

步骤 01：打开 Hypershade 窗口，可以单击图标打开，也可通过如图 1-8-1 所示操作打开。打开后可以看到在创建面板中有许多 Material 及 Shader 材质。Shader 是一种着色、阴影、描绘的方式，模型实际是以线框模式呈现的。要看到实体的形态，就要对模型着色，这个着色方式可以使物体呈现出木纹的木质效果等，称为材质，也就是 Shading。那么具体的角色类型是以哪种方式呈现的呢？Shading 着色过程也就是把材质赋予给物体的过程。在 Hypershade 窗口中，我们可以看到某些材质后面是用 Material 及 Shader 材质显示的，它就是通过 Shading 着色方式来赋予材质的。

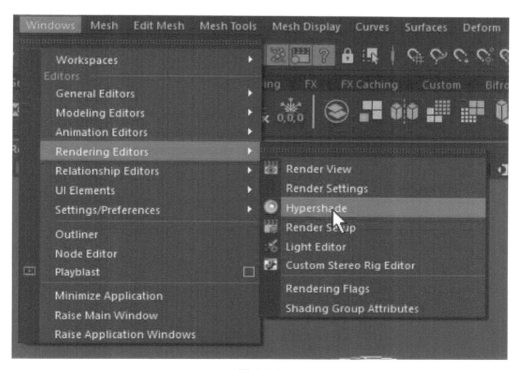

图 1-8-1

步骤 02：纹理与材质的关系。当前如果不进行纹理显示，可以发现物体表面没有细节描绘特征，物体表面得到纹理的绘制以后可以更加细致地区分这些物体，而且这些物体也会呈现出不同的质感，这个就是纹理的作用，纹理依附于材质，材质通过 Shading 的方式描绘物体。实际上，在 Maya 中看物体，与现实中看物体也比较近似。在现实中想要看到物体首先要有光线，所以在 Maya 中看物体也是要有光线的。如果在显示中关闭默认灯光的显示，就是不使用灯光，这个时候场景就是黑的，如果通过面板的方式来创建点光源，那么被光面与受光面呈现出的色彩及衰减后的色彩是不一样的，对造型的影响也是不一样的，只有在特定的灯光下来看物体，物体的材质效果才能得到最真实的反馈。因此在 Maya 中调整最后的灯光效果时要进行匹配调节。Maya 中的 Shading 着色过程包括灯光、材质等的设置，这个材质也涉及 Material 及纹理间的相互关系，是系统对物体外观的描绘过程。

1.9　Maya 材质类型与指定方法

在 Maya 中，材质节点主要反映物体表面如何对灯光做出反应，Maya 提供了多种类型的材质节点来模拟物体在现实灯光下的不同质感。

【制作步骤】

步骤 01：首先创建默认物体，便于观察，可以进入到当前物体的属性中，可以看到物体最初的属性 Shading Group 节点，这个节点意味着可能存在各种材质的能力。Maya 中的材质主要分为三大类：表面材质【Surface material】、体积材质【Volume material】和置换材质【Displacement material】，如图 1-9-1 所示。

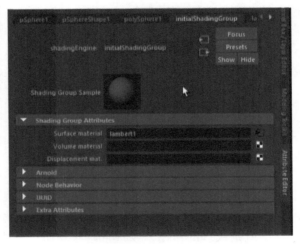

图 1-9-1

步骤 02：表面材质主要是在物体表面映射纹理的一种材质类型，表面材质可以模拟大多数物体的特征，比如水、玻璃、金属、布料等。体积材质主要运用于现实中占据一定体积空间的具有物理外观的物体，比如云、雾、烟或其他颗粒，这些是用细小的颗粒物进行的堆积，这类物体可以利用体积材质进行绘制。置换材质可以使用图片对物体表面进行凹凸置换，从而获得比较真实的高低起伏效果，比如坑坑洼洼的地面效果。

步骤 03：打开 Hypershade 窗口可以了解更具体的材质，在 Arnold 渲染器中有很多材质叫作 Shader，所以 Surface material 也可以叫作 Surface shader 物体表面材质。在创建面板中进行观察，选择 Maya 中的【Surface Shader】材质，如图 1-9-2 所示。在图 1-9-2 中 Blinn 材质、Phong 材质、Phong E 材质及 Lambert 材质属于物理材质，其他材质都是功能性材质。在物理材质中也分无高光材质（Lambert 材质）和镜面材质（Blinn 材质、Phong 材质、Phong E 材质）。

图 1-9-2

步骤 04：对物体指定材质，主要有三种方式，第一种方式是选中物体，右键单击，在弹出的快捷菜单中再选择指定的现有材质，如图 1-9-3 所示，这个可以直接指定材质。还可以通过指定新材质，如图 1-9-4 所示，然后打开指定新材质窗口，这里就有与 Hypershade 相同的创建面板，如图 1-9-5 所示，可以使用 Maya 包含的全部材质。直接创建 Blinn 材质，就会在 Hypershade 窗口中出现相同材质并直接赋予物体，或者在创建面板中找到想要创建的材质进行创建，在工作区或收藏栏中显示，然后选择物体，在赋予的材质上面右击，弹出快捷菜单，通过选择相关命令的方式指定材质到视图中被选中的物体上，如图 1-9-6 所示。第二种方式，就是在非选中物体的状态下，选择要赋予的材质，再利用鼠标中键将其拖到物体上进行释放，就会把材质指定给物体，这是比较常用的方式。第三种方式是在大纲视图中显示出已经指定的材质，如图 1-9-7 所示，这样在物体的下面就会看到材质节点，可以通过这种方式查看哪些物体被赋予了材质，也可将材质指定给其他物体。这些就是 Maya 中常见的材质指定方式。

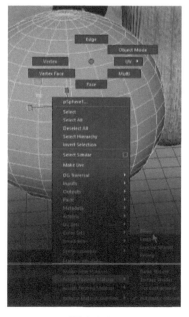
图 1-9-3

图 1-9-4

图 1-9-5

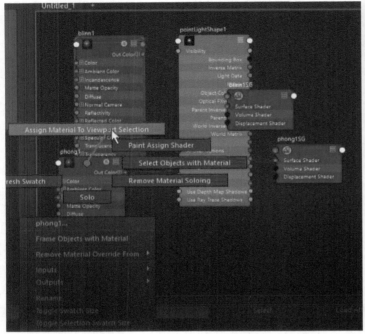 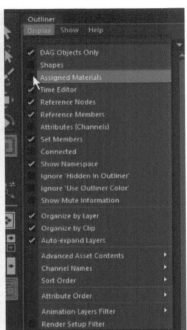

图 1-9-6　　　　　　　　　　　　　　图 1-9-7

1.10　Hypershade 编辑器使用方法

【制作步骤】

步骤 01：Hypershade 窗口是 Maya 提供给我们创建和编辑材质的最主要窗口，可以实时可视化预览材质的调节效果。Hypershade 窗口是由选项卡和浏览器组成的，浏览器包含了各种选项面板，这些选项面板包括纹理、程序节点、渲染器的指定、灯光、摄影机及其他工程目录，这些构成了所有与颜色相关的节点、类型，可以对已生成的材质进行浏览操作及材质的指定操作。

步骤 02：如图 1-10-1 所示的是浏览器的收藏区。如图 1-10-2 所示的是材质查看器，可以实时预览当前材质的效果。如图 1-10-3 所示的是特质编辑器，也叫材质的属性编辑器，材质的属性编辑器与右侧属性栏不会完全一致，这里只罗列了当前材质的常用属性。中间部位为工作区，比如用鼠标中键拖动某个材质，将它拖动到工作区进行释放，通过展开它的链接属性，在当前工作区就可以列出当前材质所包含的所有属性、节点、网络，我们主要通过此区域来编辑材质，以及查看各种属性和链接状态。

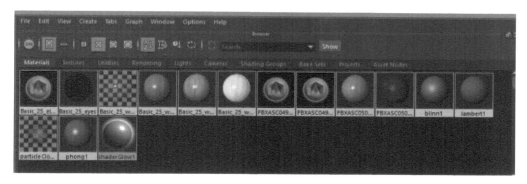

图 1-10-1

图 1-10-2

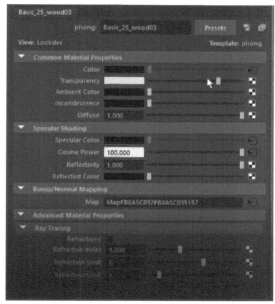

图 1-10-3

步骤 03：可以通过节点的输出和另外一个节点的输入进行链接操作。这样可以加快材质效果的编辑，也可以通过显示材质的属性，再利用鼠标中键拖动它到相应属性上，对于已经链接的线可以按 Delete 键进行删除，也可以对已链接的线进行重新链接。当链接属性时，能够链接的属性呈高亮显示，不能的则呈灰色状态。当可以链接时，释放鼠标中键就进行了相应的链接，也可以通过单击某一端来更改链接的状态，这些都是在工作区中进行的操作。

步骤 04：如图 1-10-4 所示的就是对当前工作区进行快速操作的按钮，展开材质后，可以在浏览区中选择材质再通过单击添加按钮，将其添加到工作区。那么在工作区中想要减少某些节点，也可以执行删减操作，这样就不会再显示该节点。也可以选择一个节点，单击重新展开属性链接按钮，这时只会显示当前节点的链接情况。

图 1-10-4

单击完整的材质效果后，再单击输入/输出的方式就可以显示当前材质的完整属性链接情况。第一个按钮是输入链接按钮，第二个是输出链接按钮，第四个是删除工作区图表链接按钮，第五个是载入方式链接，如果在创建面板中创建材质就会在工作区和浏览区同时出现此材质，在工作区显示它的属性。在节点上方有对节点的收缩和展开情况的操作，第一个按钮进行最短的收缩，这就是对于当前材质在工作区的操作。在上面浏览器中有当前材质的操作，打开时进行实时的更新，关闭时就不能进行实时的更新。后面的主要是一些查看方式按钮，例如，是以名称显示还是以缩略图显示。最后是排序按钮，用名称排序还是用类别排序，这个要根据实际的需求进行选择即可。

步骤 05：预览区域可以选择不同的着色方式，通常以硬件的方式来进行，也可以用 Arnold 渲染器来实现。Arnold 渲染器使用的是 Arnold 材质，我们可以通过 Arnold 引擎实时描绘当前的材质效果，对于当前预览的材质效果，可以显示出不同的物体特征来进行描述，比如用布料或者茶壶等，以便于查看当前的材质和调节对应的类型上面所呈现的效果。在左侧的创建面板中，可以创建材质网络、材质类型及纹理灯光等。在工作区中可以对网络进行编辑，在属性区中可以进行材质编辑和预览，在面板区中可以观看效果，通过浏览器查看已创建的节点网络、材质、渲染节点，这个就是整个 Hypershade 的功能和操作方式。

1.11　Maya 常用材质通用属性设置

【制作步骤】

步骤 01：创建 Blinn 材质、Lambert 材质、Phong 材质及 Phong E 材质。这 4 个材质都有公用的材质属性，如图 1-11-1 所示。选中 Lambert 材质，Lambert 材质与其他材质的区别是其没有高光属性。对场景中暂时不需要的物体，可以通过建立显示层进行隐藏。创建点光源，并移动到合适位置，将 Lambert 材质赋予到场景模型中。在公用的材质属性中，可以改变模型的颜色，属性后面有一排棋盘格样点的图标，表示可以进行贴图操作。单击贴图按钮，可以在渲染节点里面选择纹理节点，或选择更加复杂的外表物理特征。在对物体赋予材质贴图后，可以在 Lambert 属性栏中选择【Break Connection】，打断链接，如图 1-11-2 所示。

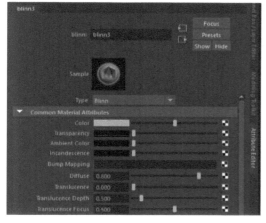
图 1-11-1

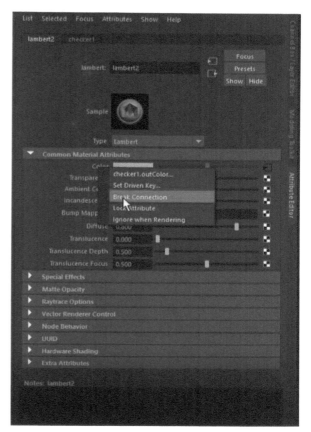
图 1-11-2

步骤 02：对透明属性的改变，相当于对材质亮度的调节，但是想让透明效果呈现出折射效果就不能用 Lambert 材质进行调节。通常有折射效果的物体都会出现高光特性。

步骤 03：环境色（见图 1-11-3），相当于给当前场景四周设置灯光，是对外部施加的效果。不断有灯光影响物体的亮度从而形成表面的视觉效果，这个是环境光的作用效果。它会与自发光（见图 1-11-4）属性形成对比。再次创建 Lambert 材质并把它赋予新的模型，把两者的效果进行对比。环境色及自发光效果对物体的影响，如图 1-11-5 所示，左侧物体受环境色对物体的影响，右侧物体受自发光对物体的影响，它们的区别是自发光是由内向外影响的，环境光是由外向内影响的。这就是环境色与自发光的区别。在 Lambert3 里面找到 Bump 贴图，单击 Checker 纹理，可以打开 IPR 进行实时预览，形成了凹凸的棋盘格效果，但不是真实的凹凸，只是视觉的效果，如图 1-11-6 所示，我们可以通过凹凸节点的参数设置来调节凹凸的强度。

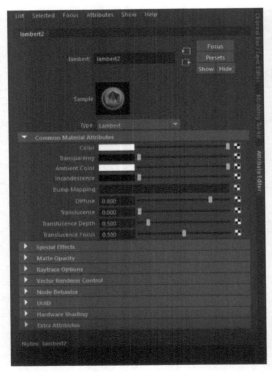

图 1-11-3

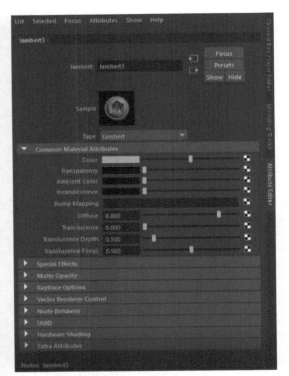

图 1-11-4

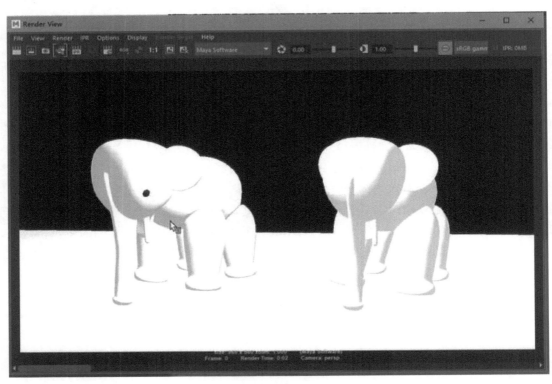

图 1-11-5

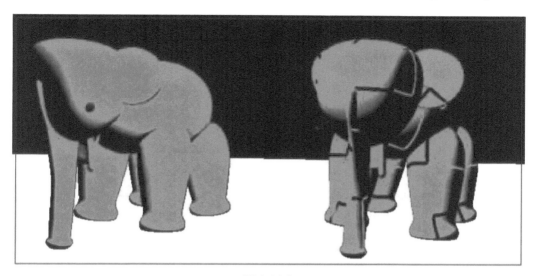

图 1-11-6

步骤 04：漫反射【Diffuse】，先断开之前的链接，在当前场景中删除默认灯光，打开渲染设置界面，重新刷新当前的场景来实时观察。进入 Lambert3，漫反射相当于描绘的是物体接收光线及对光线反射的能力，降低反射时，模型的表面会变得暗淡，当该属性值降到 0 时则光线完全不反射，呈现黑色，反之则反射强烈，如图 1-11-7 所示，比如颜色属性设置为 100，漫反射【Diffuse】设为 0.8 就代表反射 80% 的光线，它主要影响的是色彩对于光线的反射。

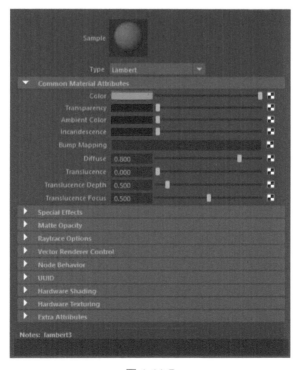

图 1-11-7

步骤 05：半透明属性【Translucence】，可以调节半透明效果，半透明属性主要通过光源来设置。创建点光源并移动到物体后面，采用 IPR 的方式进行渲染，在进行渲染时可以单击模型快速进入当前物体的材质。半透明可以通过半透明的深度（Translucence Depth）进行调节，当半透明的深度调到一定值时，物体的中心区域会变得不透明，边缘区域变得透明，如图 1-11-8 所示。此属性主要用来描述具有半透明特性的物体及聚焦的调节。

以上就是通用属性的设置。

图 1-11-8

1.12 Maya 常用材质高光反射折射设置

【制作步骤】

步骤 01：打开 Hypershade 窗口，对当前大象指定新的 Blinn 材质，在材质属性里看到高光效果的设置，如图 1-12-1 所示。打开渲染设置中的【Raytracing】设置，如图 1-12-2 所示，就可以查看反射效果。对当前场景进行渲染，一旦打开【Raytracing】设置就无法打开 IPR 交互渲染，必须通过渲染模式进行呈现，可以看到默认材质是具有反射能力的，当然也可以通过修改参数来关闭反射能力。

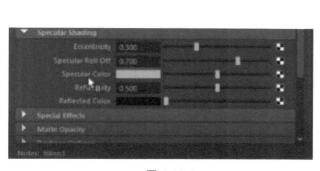

图 1-12-1

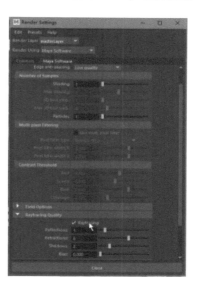

图 1-12-2

步骤 02：关闭【Raytracing】设置，用交互式的方式预览高光效果。调节高光属性的偏心率【Eccentricity】，当偏心率越小时，高光点的形态越小，这个主要影响高光的面积大小。当镜面反射的衰减属性【Specular Roll Off】设为 0 时，高光消失，当镜面反射的衰减属性设为 1，但偏心率设为 0 时，高光也会消失，因此需要配合强度和大小来设置。

步骤 03：打开 Hypershade 窗口，选择 Phong 材质，可以直接将它指定给物体，进行刷新操作，那么高光属性只有两项，如图 1-12-3 所示，通过余弦【Cosine Power】参数来调整它的大小，接着通过高光色来调节它的亮度，即在 Phong 中调节高光属性，Phong 材质具有更硬的高光效果。

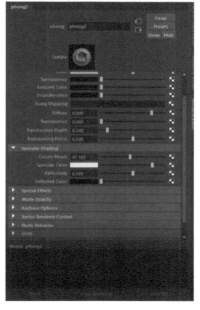

图 1-12-3

步骤 04：Phong E 材质，可以选择模型再重新进行指定。在 Phong E 材质中的高光属性，主要通过粗糙度【Roughness】来调节。高光属性反映在高光的尺寸、白度及颜色上。

步骤 05：制作高光时，最常用的是 Blinn 材质。选择 Blinn 材质，为模型指定材质。在 Blinn 材质中具有更好的高光表现效果，适合大多数高光物体的使用。

步骤 06：反射和折射。打开渲染面板中的【Raytracing】选项，然后才可以在场景中进行反射的渲染。可以通过改变反射的强度值【Reflectivity】，来控制反射效果。当高光色为黑色时，再次进行渲染，虽然还有反射强度，但高光颜色为黑色也就没有了反射效果，如图 1-12-4 所示。当高光颜色为非 0 状态时，即非黑色，它就具有反射能力，高光颜色越亮，反射能力越强，反之则越弱。因此在实际设置时要考虑高光色与反射强度之间的关系。如果当前的反射是一个真反射，它会反射出当前场景中存在的物体，在反射色上面使用贴图效果时，就是通过假反射的方式将棋盘格映射到物体表面的，如图 1-12-5 所示，物体表面呈现出棋盘格反射纹理的效果，但现实中不具备棋盘格纹理特征。当然这个可以在做其他材质时增强其他材质的质感，通过此种方式来增强质感，并不一定需要反射真实的场景环境。如果要看反射效果就必须在渲染设置中打开【Raytracing】选项。

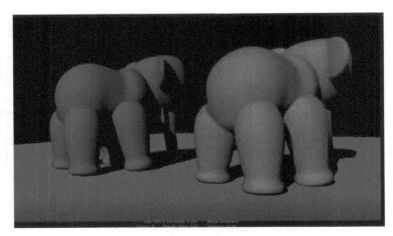

图 1-12-4

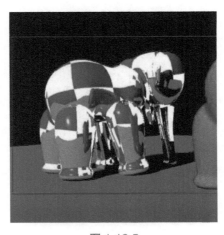

图 1-12-5

步骤07：材质下面的【Raytrace】选项。【Raytrace】选项主要针对折射进行的操作，对当前场景换个角度，折射要求物体具有透明属性，就需要在通用面板中找到透明【Transmission】参数，如果不开启折射现象，当渲染时，就只能看见完全透明的效果，如图1-12-6所示。暂存当前图像，勾选折射属性，折射率【Refractive index】中，水和玻璃的折射率为1.5，这样就能很好地折射出背后物体的效果，这就是折射的作用，因此让我们看到玻璃质感。如果要看到折射的整个效果，就需要对折射的限制【Refraction Limit】进行设置，默认设置为6，通常完整的玻璃效果，需要在渲染设置对话框中调节折射次数，也要对透明限制进行修改。

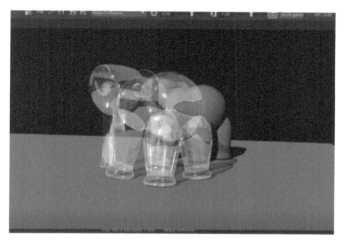

图 1-12-6

步骤08：反射的限制【Reflection Limit】。创建简单的球体，在Hypershade窗口中创建Blinn材质，对当前场景进行渲染，那么这个时候球体的表面进行了一次反射，如图1-12-7所示。打开渲染强度，调整高光，推进视角便于观察，增强反射次数，再次渲染，通过反射现象可以看到，对反射物体的里面再进行了一次反射，更加真实。因此在制作具体的材质效果尤其是反射材质的强烈效果时，增加反射次数可以更逼真。

这是Maya最常用的基本属性调节。

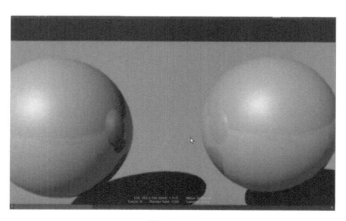

图 1-12-7

1.13 Maya 纹理类型与纹理放置节点设置方法

在视觉艺术中，纹理是任何类型的表面细节，包括视觉和触觉。Maya 中，纹理用来增强细节，纹理可以链接到材质的任何属性上，经常链接的是材质的颜色、透明度和高光属性。纹理节点主要分为 2D 纹理、3D 纹理、环境纹理、层纹理等。2D 纹理以一种包裹的方式附着到物体的表面，3D 纹理以投影的方式附着到物体的表面。

【制作步骤】

步骤 01：现在可以通过颜色属性来观看 2D 纹理，2D 纹理如图 1-13-1 所示。

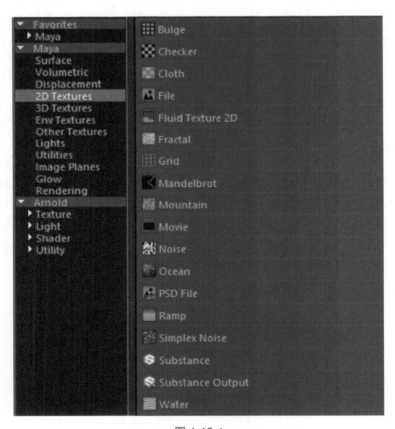

图 1-13-1

在 2D 纹理中，主要包含 Maya 自行设计的程序纹理，还有一个是外部纹理的链接，即【File】纹理，【File】纹理就是文件纹理，主要指能引用的外部文件，比如通过 File 链接外部的贴图，通过贴图，可以链接到它的输出颜色属性。2D 纹理的属性编辑器如图 1-13-2 所示。

第 1 章　Maya 渲染基础

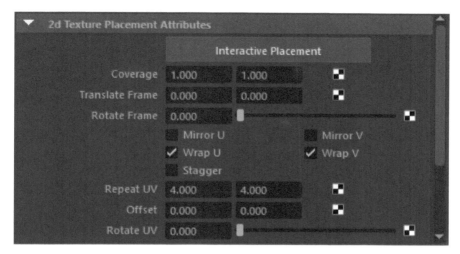

图 1-13-2

步骤 02：3D 纹理，如图 1-13-3 所示。

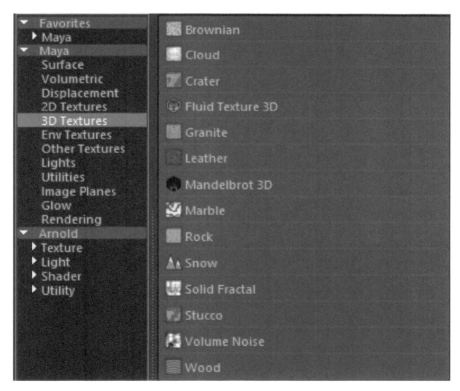

图 1-13-3

将某一个 3D 纹理直接赋予输出颜色节点，呈现出 2D 纹理的效果。还可以单击打开贴图按钮，在创建渲染节点中，找到 2D 纹理，然后在 2D 纹理上右击，在弹出的快捷菜单中，可以选择另外两种方式：一种是投影方式【Create as projection】，另一种是标签方式【Create as stencil】，如图 1-13-4 所示。

45

图 1-13-4

首先来看投影方式。在节点中，该方式在 2D 纹理和材质之间的链接上面投影节点。该投影节点可以控制当前的 2D 纹理以什么样的方式附着到物体表面，这个时候打开投影节点属性，投影的方式有交互放置，比如单击，这时就出现了投影的控制器，通过该控制器，可以交互调节物体的映射效果。投影方式的属性编辑器如图 1-13-5 所示。

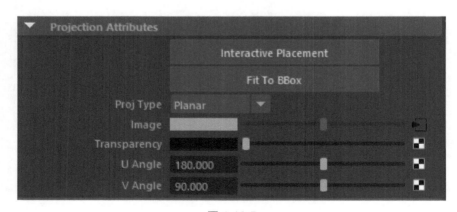

图 1-13-5

其次来看标签方式，即在 2D 纹理中以标签的方式创建。打开 Hypershade 窗口，打开输入 / 输出链接，这个时候纹理和材质之间创建了一个 stencil 1 标签的贴图，如图 1-13-6 所示。

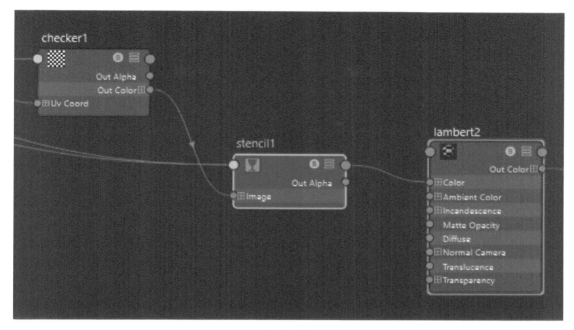

图 1-13-6

标签方式主要创建的是 2D 节点，主要用于控制 2D 坐标，可以揉和标签的边缘进行控制，通过对它进行贴图操作，来控制混合边缘效果，这个就是标签的作用，即利用另外一张图片来控制边界范围。

第 2 章
水果盘渲染

◆ 关键知识点
- ◇ 灯光阴影
- ◇ 果盘材质
- ◇ 水果材质
- ◇ 桌布材质

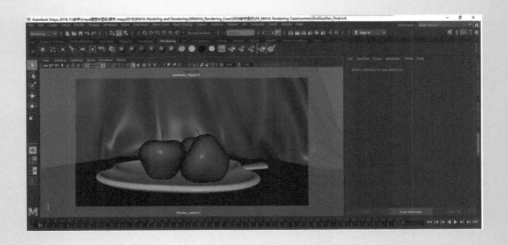

2.1 水果盘任务 1——灯光阴影

【制作步骤】

步骤 01：打开渲染设置界面，修改图像大小为 800 像素 ×450 像素，然后在渲染选项中关闭默认灯光，如图 2-1-1 所示。选择创建【Create】菜单，选择灯光【Lights】选项，再选择聚光灯【Spot Light】选项，如图 2-1-2 所示。在右侧属性栏中将聚光灯重命名为 ZhuGuang，将主光移动到场景的右上方，在透视图中选择以灯光为观察对象，如图 2-1-3 所示。在右视图中增加灯光的高度，在 Top 视图中调整灯光的左右位置使灯光照射在苹果对象上面，使灯光从右上方照射场景，观察渲染后灯光照射的效果，如图 2-1-4 所示。

图 2-1-1

图 2-1-2

图 2-1-3

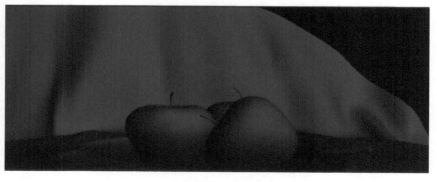

图 2-1-4

步骤02：在右侧属性栏中调节灯光属性，亮度【Intensity】设置为1.8，圆锥体角度【Cone Angle】设置为44.5，半影角度【Penumbra Angle】设置为10，衰减【Dropoff】设置为103.5，如图2-1-5所示。

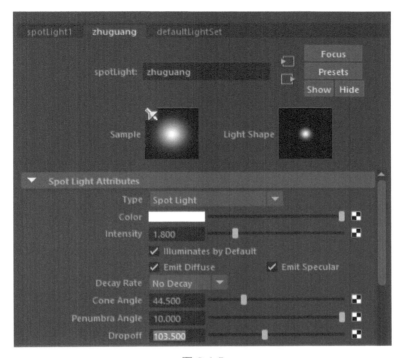

图 2-1-5

步骤03：辅光源的创建。选择创建【Create】菜单，选择灯光【Lights】选项，再选择区域光【Area Light】选项，如图2-1-6所示。在右侧属性栏中将区域光进行重命名，接着利用移动和缩放工具对光进行调整，辅光模拟的是环境光的反射，将辅光调整到果盘的左上方，位置要放低。对主光没有照射的部分进行补充，在右侧属性栏中调节灯光属性，亮度【Intensity】设置为0.2后进行渲染观察。

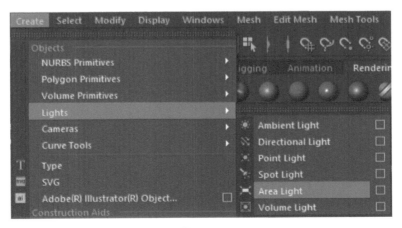

图 2-1-6

步骤 04：重新回到透视图，选择创建【Create】菜单，选择灯光【Lights】选项，再选择区域光【Area Light】，在右侧属性栏中将区域光进行重命名，命名为 BeiJingGuang，它主要用于勾勒物体的轮廓。将它放大，并移动到靠近背景布的地方，如图 2-1-7 所示。渲染观察光的位置，如果发现不好可以再次进行位置调整。

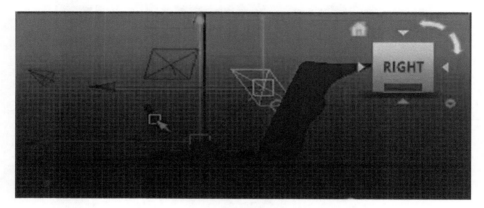

图 2-1-7

步骤 05：设置阴影。打开大纲视图，找到主光源，如图 2-1-8 所示。在右侧属性栏中找到阴影【Shadows】，勾选【Use Depth Map Shadows】，分辨率【Resolution】设置为 2048，羽化值【Filter Size】设置为 5，如图 2-1-9 所示。接着更改阴影颜色，单击【Shadow Color】，在打开的窗口中将 RGB 的值都改为 62，如图 2-1-10 所示。完成灯光阴影的设置，效果如图 2-1-11 所示。

图 2-1-8

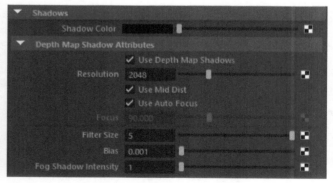

图 2-1-9

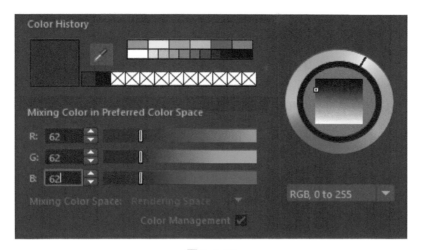

图 2-1-10

图 2-1-11

2.2 水果盘任务 2——果盘材质

【制作步骤】

步骤 01：打开渲染编辑器 Hypershade，创建 Blinn 材质，在右侧属性栏中将它重新命名为 Apple Plane1。在透视图中选择果盘，在渲染编辑器中，右击材质球，在弹出的快捷菜单中选择"为视口选择指定材质纹理"【Assign Material To Viewport Selection】命令。

步骤 02：选中材质球，在右侧属性栏中首先对颜色【Color】进行设置，将颜色 RGB 的值都设置为 130，使颜色为亮灰色，设置白炽度【Incandescence】的 RGB 的值分别为 45,50,60，如图 2-2-1 所示。将漫反射【Diffuse】的值调高为 1.0，接下来执行高光的设置，高光光斑要减小，偏心率【Eccentricity】设置为 0.05，反射衰减【Specular Roll Off】设置为 0.77，高光反射颜色【Specular Color】的 RGB 的值都设置为 255，镜面反射【Reflectivity】设置为 0.45，如图 2-2-2 所示。最后完成果盘渲染，如图 2-2-3 所示。

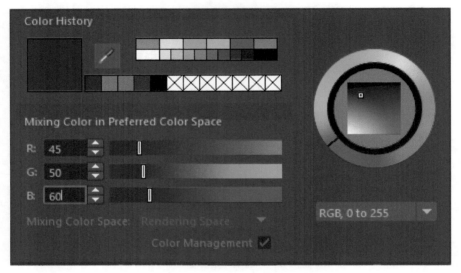

图 2-2-1

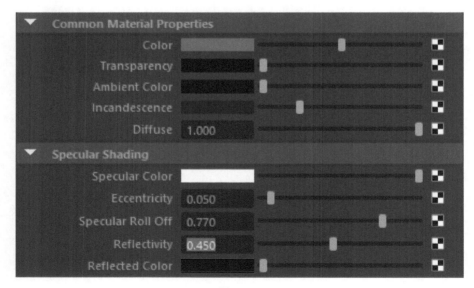

图 2-2-2

图 2-2-3

2.3 水果盘任务 3——水果材质

【制作步骤】

步骤 01：为苹果创建材质并渲染。打开渲染编辑器 Hypershade，创建 Blinn 材质，在右侧属性栏中重新命名为 Apple1。切换到透视图，选择苹果，在渲染编辑器中，右击材质球，在弹出的快捷菜单中选择"为视口选择指定材质纹理"【Assign Material To Viewport Selection】命令，打开渲染窗口，生成渲染效果，如图 2-3-1 所示。

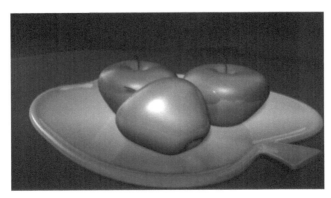

图 2-3-1

步骤 02：先对苹果的颜色进行修改，在右侧属性栏中修改颜色【Color】，打开后面的贴图文件，选择【Other Textures】，单击【Layered Texture】，如图 2-3-2 所示。

接着在新打开的属性栏中再次单击颜色贴图按钮，增加 Ramp 节点，在 Ramp 属性中，类型【Type】选择【U Ramp】，插入【Interpolation】选择【Smooth】，如图 2-3-3 所示。为苹果底部选择颜色，打开贴图，创建纹理 Fractal，在新的属性栏中将振幅【Amplitude】设置为 0.5，在色彩平衡【Color Balance】中将填色【Color Gain】的 RGB 值改为 55,80,25，渲染效果如图 2-3-4 所示。再次修改 place2dTexture2 中的【Repeat UV】为 0.3，如图 2-3-5 所示。

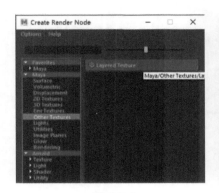

图 2-3-2

图 2-3-3

图 2-3-4

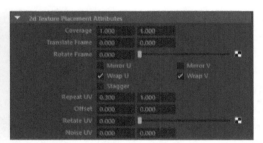

图 2-3-5

步骤 03：选择 Ramp1，为顶部颜色创建纹理 Fractal，在新的属性栏中将振幅【Amplitude】设置为 0.66。在色彩平衡【Color Balance】中，将填色【Color Gain】的 RGB 值改为 55,80,25，将颜色偏移【Color Offset】的 RGB 值改为 50,70,25，渲染效果如图 2-3-6 所示，再次修改 place2dTexture2 中的【Repeat UV】为 0.3。

图 2-3-6

步骤 04：为 Ramp 增加两个选择颜色，如图 2-3-7 所示。在为苹果新加的 Ian 选择颜色中打开贴图，创建纹理 Fractal，在新的属性栏中将振幅【Amplitude】设置为 0.12，阈值【Threshold】设置为 0.17，在色彩平衡【Color Balance】中，将填色【Color Gain】的 RGB

值改为 100,175,30，将颜色偏移【Color Offset】的 RGB 值改为 40,65,0，渲染效果如图 2-3-8 所示，再次修改 place2dTexture2 中的【Repeat UV】为 0.1。

图 2-3-7

图 2-3-8

步骤 05：接下来进行斑点的制作。在 LayeredTexture1 中，插入一个新的 Ramp，并与之前的进行位置交换，如图 2-3-9 所示。单击【Color】后面的贴图，在 3D Textures 中添加 Rocks，将 Rocks 纹理的颜色 1 的 RGB 值更改为 40,50,15，衰减【Diffusion】设置为 0.24，混合率【Mix Ratio】设置为 0.76，如图 2-3-10 所示。再次修改透明值【Alpha】为 0.235，混合模式【Blend Mode】设置为【Multiply】，渲染得到的效果如图 2-3-11 所示。

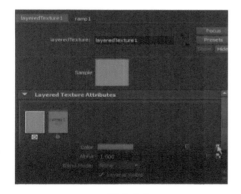

图 2-3-9

图 2-3-10

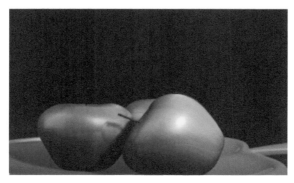

图 2-3-11

步骤 06：回到材质球 Apple，进行高光设置。将偏心率【Eccentricity】设置为 0.145，反射衰减【Specular Roll Off】设置为 0.41，反光颜色【Specular Color】的 RGB 值设置为 80,155,55，镜面反射率【Reflectivity】设置为 0。

步骤 07：接下来对苹果梗进行材质创建，新建 Blinn 材质，在右侧属性栏中将其重命名为 Apple_Geng，切换到透视图。将材质附着到苹果梗上，再切换回来，在打开的属性栏中再次单击颜色贴图按钮，增加 Ramp 纹理。将类型【Type】调整为【U Ramp】，【Interpolation】设置为【Smooth】。打开 Ramp，留两个颜色选择，将顶部的颜色 RGB 设置为 20,40,15，底部的颜色 RGB 设置为 30,10,15，渲染得到的效果如图 2-3-12 所示，完成最后的渲染。

图 2-3-12

2.4 水果盘任务 4——桌布材质

【制作步骤】

步骤 01：打开渲染编辑器 Hypershade，创建 Blinn 材质，在右侧属性栏中将其重新命名为 BeiJing1。在透视图中选择果盘，在渲染编辑器中，右击材质球，在弹出的快捷菜单中选择"为视口选择指定材质纹理"【Assign Material To Viewport Selection】命令。

步骤 02：打开材质球属性，将颜色（Color）的 RGB 值修改为 20,65,140。进行高光设置，将偏心率【Eccentricity】设置为 0.2，反射衰减【Specular Roll Off】设置为 0.45，高光颜色【Specular Color】的 RGB 值设置为 85,130,215，反射率【Reflectivity】设置为 0，如图 2-4-1 所示。进行渲染，效果如图 2-4-2 所示。

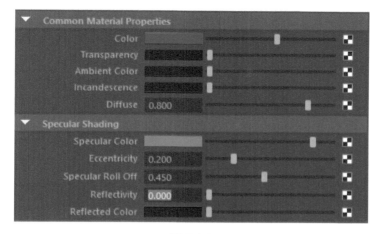

图 2-4-1

图 2-4-2

步骤 03：单击自发光【Incandescence】后面的贴图按钮，添加 Ramp 节点，将类型【Type】调整为【U Ramp】，【Interpolation】设置为【Smooth】，将顶部的颜色 RGB 值设置为 0,0,0，底部的颜色 RGB 值设置为 50,90,150。选中 BeiJing1 节点，在左侧【Utilities】中找到采样节点 Samplerinfo1，打开窗口【Windows】菜单，选择常规编辑器【General Editors】选项，打开连接编辑器【Connection Editor】对话框，连接如图 2-4-3 所示的两个属性。

图 2-4-3

步骤 04：在 BeiJing1 节点中，单击【Bump Mapping】后面的贴图，在 3d Texture 中创建 Rock 节点，将晶粒大小【Grain Size】设置为 0.03，找到 Bump 节点，将色彩深度【Bump Depth】设置为 0.1，渲染得到最终的布料效果，如图 2-4-4 所示。

图 2-4-4

第 3 章 Arnold 渲染器

关键知识点

- Arnold 渲染器简介
- 感受 Arnold 渲染
- Arnold 渲染器设置
- Arnold 灯光类型与属性设置
- Arnold 标准表面材质属性设置

3.1　Arnold 渲染器简介

在 Maya 中，尤其是 2018 版本中，已经高度集成了 Arnold 渲染器，此渲染器是由 Solid Angle 公司开发的先进的跨平台渲染器，可以进入官网，对它的特性进行全面的了解。

Arnold 渲染器是基于物理、光线追踪算法的并替代传统扫描线算法的 C 级动画渲染软件，这些年被许多世界知名电影公司、特效公司所使用，为众多电影制作出逼真的画面效果。Arnold 渲染器的主要特点是算法集成度高，比如全局照明、物理特质的材质效果，高度优化的渲染器设置选项等。通过简单的灯光设置就能渲染出符合特性的场景效果，在使用流程上也易于转换。虽然 Arnold 渲染器是电影级别的渲染器，由于采用的是物理算法，整个使用中的操作过程比较简单。本节的重点是充分地了解 Arnold 渲染器的众多材质的功能特性，掌握这些材质的使用方法。

Arnold 渲染器还提供了非常独特的交互式反馈方案，可以实时反馈场景的变换效果来方便调节效果，包括灯光效果的调节和材质的调节，物体在场景中的变换等这些操作都能获得实时的反馈。这样就能产生美观、可预测、无偏差的结果，那么这个过程就更类似于真实场景的照明和拍摄方式。

Maya 已经集成了 Arnold 渲染器，在 Maya 中 Arnold 渲染器是以插件的方式进行集成的，可以打开窗口→设置插件→插件管理器，在插件管理器中可以通过加载的方式找到 mtoa.mll，进行 Arnold 渲染器的加载，可以通过载入勾选或取消勾选的方式来加载和取消 Arnold，默认是自动加载的，然后就可以在 Maya 中使用 Arnold 渲染器。虽然 Maya 已经集成了 Arnold 渲染器，但是固化物体输出时还是有一定的限制，因此需要安装外部的 Arnold 渲染器，当然也可以安装最新版本的 Arnold 渲染器来进行学习操作。

3.2　感受 Arnold 渲染

打开示例文件 MAYA Modeling and Rendering\10MAYA_Arnold_Foundation\1007 教学案例 \10_Arnold Rerder Foundation\scenes\Basic_Scene_Arnold.mb。

载入插件以后，首先在渲染设置中切换到 Arnold 渲染器，接着打开"创建"【Create】菜单，选择摄影机【Cameras】，单击摄影机【Camera】选项，如图 3-2-1 所示。切换到摄影机视角，调整到一定的角度，打开分辨率视框，如图 3-2-2 所示。如图 3-2-3 所示，单击渲染按钮或者从 Arnold 的菜单中打开 Arnold 渲染视窗的渲染方式。在渲染视窗中，可以单击"播放"按钮，如图 3-2-4 所示，相对于执行高级别的 IPR 渲染。开始时发现场景是黑的，虽然之前选择渲染器的时候，已经启用了默认的渲染灯光，但是当选用 Arnold 渲染器的时候，会发现已经取消了默认灯光的设置，也就是说 Arnold 是不支持 Maya 自带灯光效果的。因此在渲染时会出现完全黑的渲染效果。

图 3-2-1

图 3-2-2

图 3-2-3

图 3-2-4

因此要用 Arnold 渲染器呈现画面效果，必须进行灯光的设置。切换到透视图中，选用 Maya 自带的灯光，比如平行光，再切换到 1∶1 的显示比例，然后在渲染视窗中切换到摄影机的视角，这时可以看到呈现出的画面。在调节灯光时，可以交互地预览灯光的效果，灯光在物体之间的反射（包括阴影）都是由 Arnold 根据灯光的物理属性来进行相应计算的。删掉平行光，创建点光源，虽然点光源已经设置了亮度 10 的数值，但是它仍然很暗淡，这是由于 Arnold 渲染器是基于物理算法的，只要创建灯光，在衰减数值上虽然是无衰减状态，但是 Arnold 渲染器会采用二次衰减的方法来设置物理化灯光。因此，在这里需要增加灯光的亮度，才能看到更好的画面效果。

Arnold 渲染器在进行渲染的过程中可以通过 Arnold 的渲染视图来实时观察调节效果和物体的自身材质效果。如图 3-2-5 所示，在 Arnold 的属性中，也可以增强它的曝光级别，相当于设置 Arnold 自身的灯光效果。这些反射（包括阴影等）都是 Arnold 渲染器自动渲染完成的。这个就是 Arnold 渲染器在使用中的便利性，用这种易于使用的方式，用户可以更加方便地创建更好的画面效果。

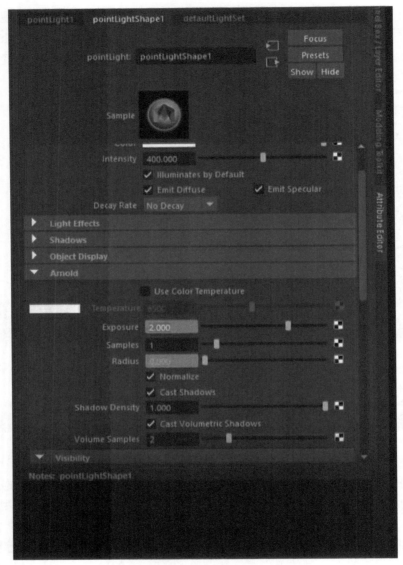

图 3-2-5

3.3 Arnold 渲染器设置

打开渲染设置窗口,在面板中切换到 Arnold 渲染器,后面三项分别是【System】对系统的设置、【AOVs】对分层的设置、渲染过程中对话框的显示设置【Diagnostics】,如图 3-3-1 所示。

第 3 章　Arnold 渲染器

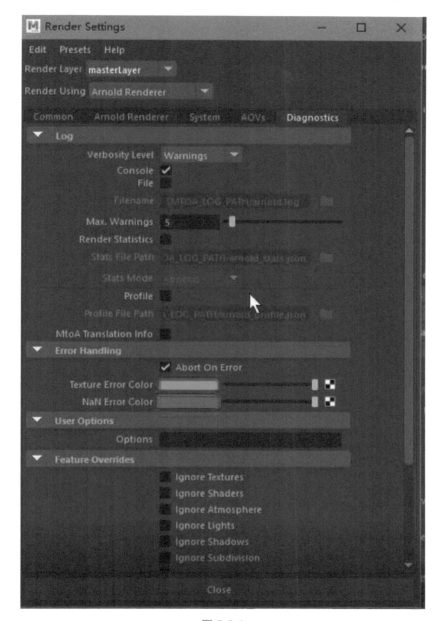

图 3-3-1

我们先对场景进行处理，选中地面，增加新的材质效果，然后给当前场景创建 Arnold 的天光，如图 3-3-2 所示，这样可以更好地观察场景。在渲染设置中，属性设置如图 3-3-3 所示。

图 3-3-2

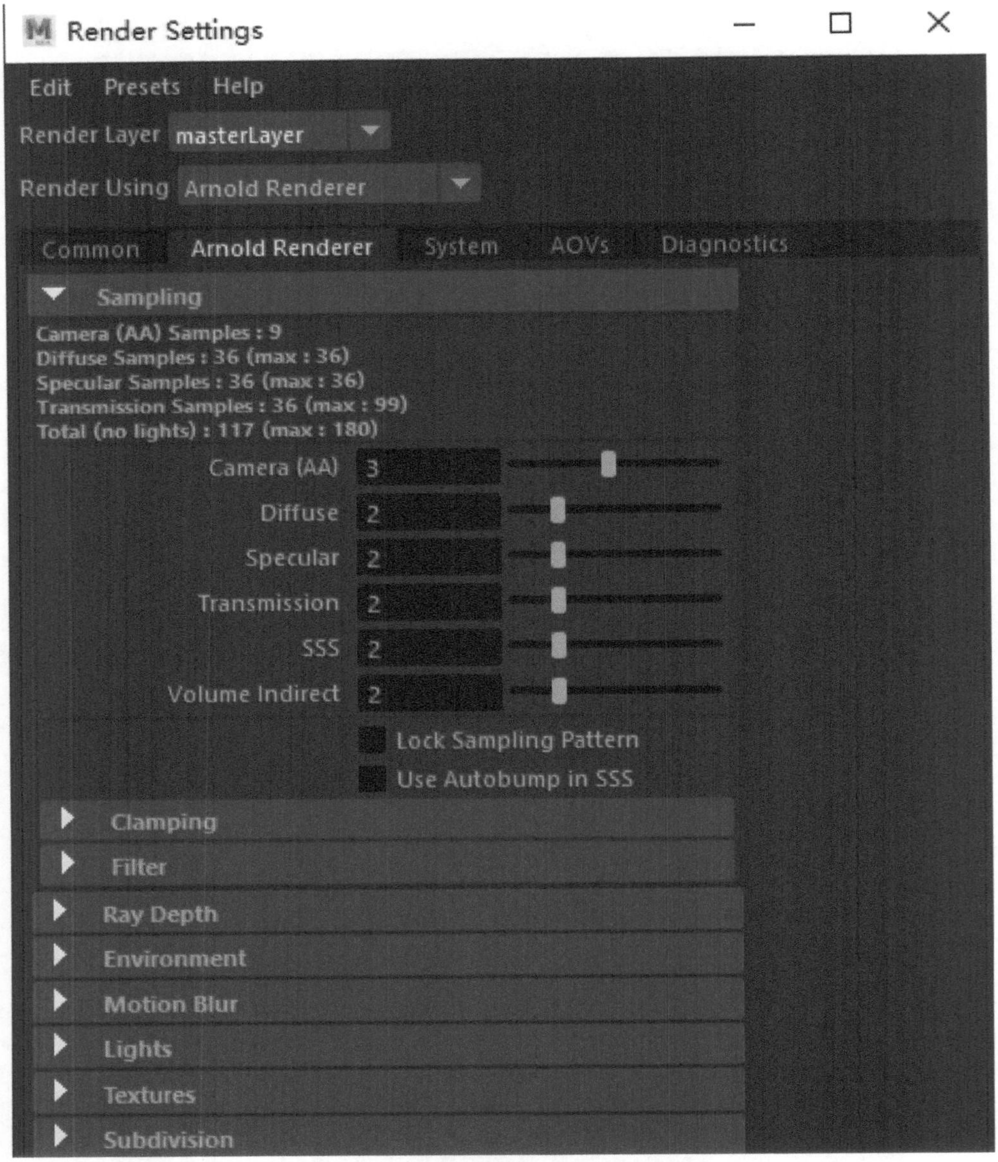

图 3-3-3

采样设置主要用于控制渲染图像的采样质量。增加采样率，可以减少场景的噪点，但会增加渲染时间。采样数值不是线性的，【Camera（AA）】是其他参数的基础，【Camera（AA）】采样主要控制的是从像素追踪的每个光线数量，采样数越多，抗锯齿就越好，渲染时间也会越长。

漫反射【Diffuse】，主要用于控制场景中物体接收球形照明的效果，如图 3-3-4 所示，当前的场景被地面遮挡，所以实际只接收到半球照明效果，那么漫反射就是控制这些光线对物体表面的照明，以及物体对光线的反射的。这些反射数量是由摄影机进行观察，得到相应的角度进行采样计算得到的。当漫反射的值设置为 0 时，物体之间的光线反弹效果就会消失。

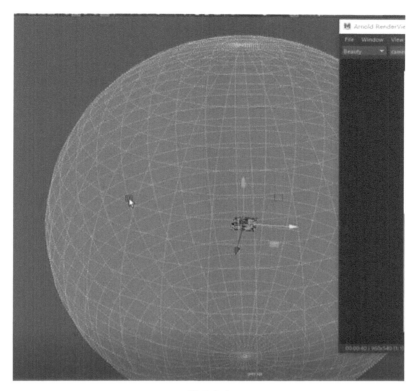

图 3-3-4

镜面高光【Specular】，主要用于控制物体反射的效果质量采样。减少采样，画质就会变低，当然它也依赖于整体的采样。

透明物体【Transmission】的采样，基于【Camera（AA）】进行计算，在抗锯齿设置中，主要通过【Camera（AA）】属性，来对画面整体的抗锯齿进行设置，通常对复杂场景进行最终渲染时，【Camera（AA）】的值要设置为 5～8，才能得到比较干净的画面。

自适应采样【Adaptive Sampling】，在自适应采样中可以开启自适应采样功能，进行抗锯齿处理，但进行采样时一般设置不会低于 3 或高于 8 的数值，也就是在这两个数值间进行最优化。自适应阈值【Adaptive Threshold】用于采样算法对噪点的敏感程度，较低的算法可以检测更多的噪点，默认值 0.05 可以适用大多数场景。其他的抗锯齿设置，一般不做修改。画面的过滤方式【Filter】与 Maya 默认渲染器比较类同，这里提供了更多的算法，用于画面锐化与模糊的调节。

这里的【Ray Depth】与 Maya 默认渲染器的 Ray Depth 有类同的概念，当前设置可以应付大部分渲染场景效果，但我们会经常改变漫反射设置，其采样之和不要超过光线追踪【Total】的次数，通过增加一次漫反射，可以获得加倍的相互之间的反射效果。

其他的设置一般不进行修改。

3.4　Arnold 灯光类型与属性设置

在进行 Arnold 渲染时，可以使用 Maya 标准的灯光。当使用标准的灯光时，在右侧属性栏中除了 Maya 新增加的灯光属性，还可以看到 Arnold 相关的属性。添加这些属性，实际上是把 Arnold 属性添加到 Maya 的灯光效果中，由于 Arnold 渲染器是使用物理方式来设置灯光属性的，所以在使用 Maya 的默认灯光时会自动使用二次衰减的方式，因此在初始创建时会显得比较暗淡（注：Arnold 不支持 Maya 自身的环境光及体积光效果，只支持平行光、点光、聚光灯、区域光效果）。

Arnold 也具有自己的灯光，它主要使用的是面光（最常用的灯光效果）。删除场景中的灯光，再单击创建 Arnold 的区域光，然后进行放大，这个灯光在放大过程中不会影响照明的亮度。因此需要单独设置灯光亮度，在右侧属性栏中修改本身的强度【Intensity】为 100，调节角度形成照明，如果强度不够，可以调节曝光值【Exposure】，它比强度更加敏感，可以设为 5，进行场景的快速照明，如图 3-4-1 所示。

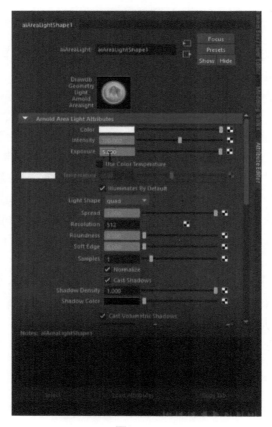

图 3-4-1

打开物理光,并在场景中创建圆环物体,再放大物体,这时物体就是光源,它对场景进行照明,切换到 Camera 视图观察,效果如图 3-4-2 所示,一旦将物体设置为光源,此物体就不会被渲染。

图 3-4-2

光度学灯光,它是依赖于特定的灯光效果进行创建的。打开光度学灯光,在它的属性中,首先需要调出光度学文件进行照明效果的设置,即需要下载光度学文件来进行设置。

天空圆顶灯光,也就是天空光照明,可以对场景进行整体的均匀照明形成漫反射的照明效果,打开圆顶灯后面的灯光效果来创建平面效果,这个灯光是基于圆顶灯光同步设置的,它只是一个物理特性,实际上它引用的参数信息就是天空灯效果。

物理特性的天空灯,具有更高级的自然光线照明,删除面光,在当前场景中,可以看到天空呈现出比较真实的光影效果,选择物理天空灯再进行设置,如图 3-4-3 所示,调节不同的角度。它对于室外场景照明非常有用,可以利用物理天空灯来模拟真实的照明效果。

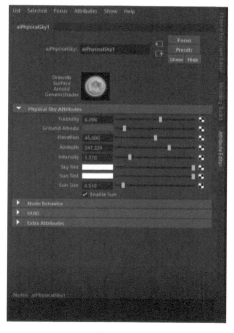

图 3-4-3

将光源调整到合适的角度，在灯光的属性中主要有颜色【Color】、强度【Intensity】、曝光度【Exposure】3 个参数。通过这三个数值，可以影响灯光的亮度、强度，最主要的是要配合强度与曝光度来进行设置。曝光度在数值方面比强度更加敏感，可以将曝光度与强度相结合进行快速的设置，以获得更好的画面效果。在灯光颜色上，可以通过拾取器的方式来更改，当颜色降低，亮度降低时，整个灯光的亮度也会降低。灯光参数设置如图 3-4-4 所示。

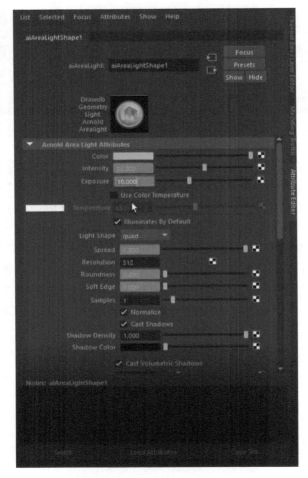

图 3-4-4

除了这些设置，也可以通过色温【Temperature】的方式进行色彩调节，默认数值是 6500，数值越大，光线越冷，反之光线越暖。

灯光的形态【Light Shape】，默认的是一个四边形的形态，可以切换到圆柱形或圆盘形形态，圆盘形形态比较符合投影中的灯光效果、四边形的柔光箱效果及管状的效果。

拓展角度【Spread】，其值默认为 1，当前灯光以 180 度向四周散射，可以获得比较柔和的阴影效果，如图 3-4-5 所示。降低其数值则照明角度会降低，变成聚光效果，灯光角度越小，聚光效果越强烈。因此在进行照明时，可以用来模拟更加锐利的直射光线，比如太阳的直射光线及聚光灯的照明效果都可以通过缩小【Spread】的值来进行调节。

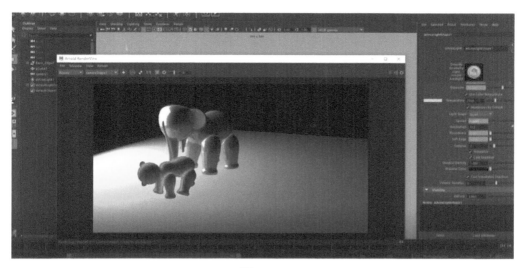

图 3-4-5

在 Arnold 渲染窗口中单击"渲染"菜单【Render】→【Update Full Scene】选项进行当前场景的更新，如图 3-4-6 所示，获得正确的光影效果，当调整扩展角度时，角度越大光影越虚。

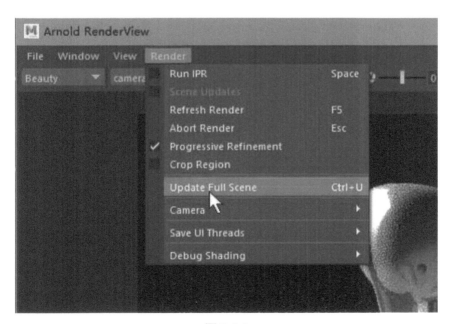

图 3-4-6

灯光解析度【Resolution】，当前默认值为 512，如果在非常大的场景进行照明，可以适当增大灯光解析度的值。

圆角化【Roundness】，把灯光视图推远一点，当增加圆角化形态时，照明效果会发生改变，方形照明对于地面投影的影响逐渐变为锥形状态。

软边设置【Soft Edge】，即边缘向中间的衰减，边缘效果越发暗淡。

采样数值【Samples】，该采样数值同样与参数设置中的【Camera（AA）】相乘计算，得到采样数量，根据实际采样效果以提高灯光自身的采样。

阴影密度【Shadow Density】，通过强度来设置投影效果，该强度就是阴影密度。阴影颜色可以调节，一般为黑色。

投射体积阴影【Cast Volumetric Shadows】表示投影体积的物体阴影。

可见属性【Visibility】通常不做设置，以避免场景在照明计算时出现混乱。

3.5 Arnold 标准表面材质属性设置

【制作步骤】

步骤 01：进入 Hypershade，找到创建材质中的 Arnold 材质选项，然后在【Shader】中使用标准材质【aiStandardSurface】，如图 3-5-1 所示。切换场景的角度，在预览视图中选中物体，进行材质指定，这时大象就被赋予了 Arnold 的标准表面材质。

图 3-5-1

步骤02：在右侧属性栏中，查看 Arnold 标准表面材质的属性，主要是基础【Base】属性、高光【Specular】属性、透明【Transmission】属性、次表面散射【Subsurface】属性及其他属性，如图 3-5-2 所示。基础属性设置中的权重【Weight】为 0.8，通常不进行修改。

颜色【Color】，可以通过改变颜色或贴图的方式进行改变。

粗糙度【Diffuse Roughness】，增加粗糙度以后，它的表面对光线的反射会受到影响，粗糙度增加，表面的光线会变得暗淡，光线减弱。

金属特性【Metalness】，它具有更加强烈的高光特性，可以利用这种特性，增加物体的金属效果，来增强金属的质感。

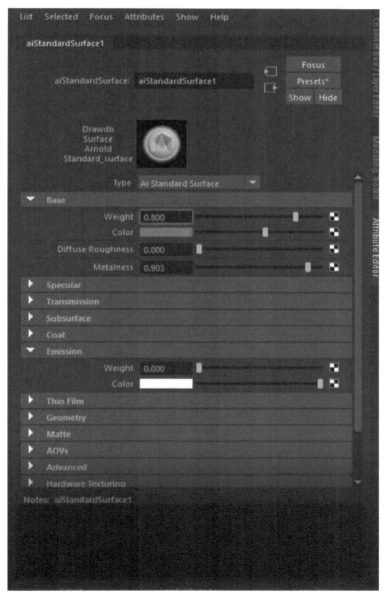

图 3-5-2

步骤03：在高光属性设置中，主要是进行权重设置，权重越低，高光越不明显，权重越高，高光越明显。

高光的颜色，可以使用自定义的方式进行改变，通常设为白色。

粗糙度，可以控制反射模糊的效果，当粗糙度增加到一定值时可以获得比较模糊的反射效果，如果增加到更高的数值时，反射效果消失。当权重无法增加时，可以通过改变颜色的亮度值继续增加高光属性。

折射率【IOR】的设置，需要在开启物体的透明属性权重时进行调节。权重默认为0，表示不具备透明属性，当权重为1时当前物体完全透明，透明以后，就会产生折射效果。当改变折射率时，它的折射样式会发生改变，通常折射率为1.5左右。

步骤04：在透明属性设置中，透明深度【Depth】可以模仿一定厚度的玻璃效果。

步骤05：在次表面散射属性设置中，为小象创建新的表面材质，切换角度，改变权重，将权重改为0.2，主要模拟皮肤效果，基础的颜色是皮肤表皮的颜色效果，次表面颜色【Subsurface】是内部组织的颜色效果。

半径设置【Radius】用来控制散射的深度，就是光线能够穿越的深度，穿越得越深，这两层材质的混合度就越高，相对来说光线穿透效果越明显。

第 4 章
Arnold 角色渲染

关键知识点

- 角色 UV 拆分
- 卡通角色纹理绘制方法
- 角色 Arnold 材质制作
- Arnold 卡通角色灯光与渲染制作要点

4.1 角色 UV 拆分

4.1.1 UV 纹理编辑器使用基础

【范例分析】

对于没有经过纹理绘制及 UV 拆分的空白模型，首先要对模型进行纹理 UV 的划分操作，接着在其他绘图软件中利用绘图功能，依据当前角色的 UV 形态进行纹理绘制，然后根据特定的渲染器进行模型材质的制作，最后设置必要的灯光和背景，进行最终的静物渲染设置。

【制作步骤】

步骤 01：打开"文件"【File】菜单，单击打开场景【Open Scene】，选择 MAYA Modeling and Rendering\11MAYA_Arnold_Character Rendering\1106教学案例\11_Arnold_Character Rendering\scenes\Character_model.mb 文件，如图 4-1-1 所示，单击"打开"【Open】按钮。选中躯干部分，打开菜单【UV】，选择 UV 编辑器【UV Editor】选项，如图 4-1-2 所示。如图 4-1-3 所示，当前角色的纹理 UV 十分凌乱，利用 Maya 提供的测试纹理，棋盘格如图 4-1-4 所示，在脸部不能得到连续的纹理效果。

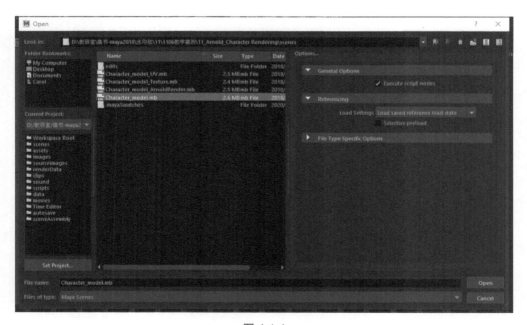

图 4-1-1

第 4 章　Arnold 角色渲染

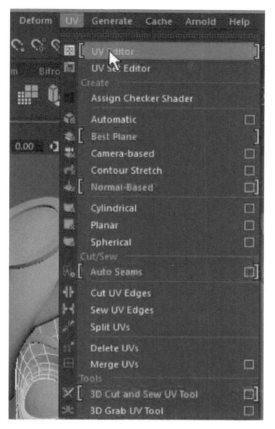

图 4-1-2

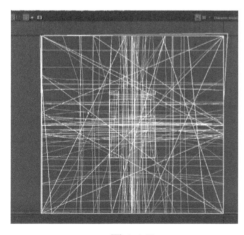

图 4-1-3

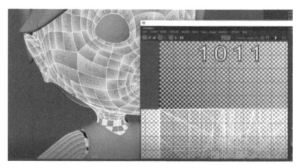

图 4-1-4

步骤 02：在场景中创建球体，在 UV 编辑器中，单击"创建"【Create】菜单，选择自动【Automatic】选项，在属性面板中单击"应用"【Apply】按钮，得到 6 个面的映射，如图 4-1-5 所示。6 个面的投影区分出 6 个 UV 块（壳）。显示纹理，因为 6 个 UV 壳不是连续相连的，因此可以看到接缝。

77

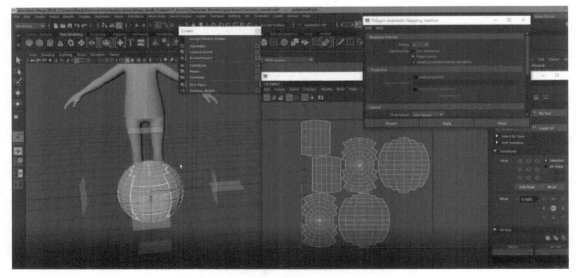

图 4-1-5

步骤 03：打开"创建"【Create】菜单，选择基于摄影机【Camera-based】选项，在属性面板中单击"应用"【Apply】按钮。选中球体模型，切换到对象模式，UV 编辑器会根据正面视角进行投射，如图 4-1-6 所示。在正反两面形成同样的重叠的纹理。

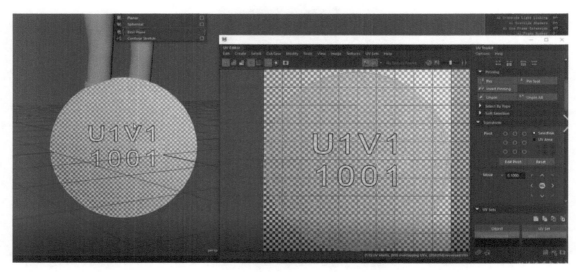

图 4-1-6

步骤 04：打开"创建"菜单【Create】，选择圆柱形【Cylindrical】选项，调节柱状围绕的范围，如图 4-1-7 所示，得到的 UV 集效果都可以调节。再次打开"创建"菜单，选择平面映射【Planar】选项，手动选择，调整方向，如图 4-1-8 所示。接下来打开"创建"菜单，选择球形【Spherical】选项，再选中模型，进行球形的包裹，整个模型处于球形的形态，以此进行 UV 的投射，如图 4-1-9 所示。

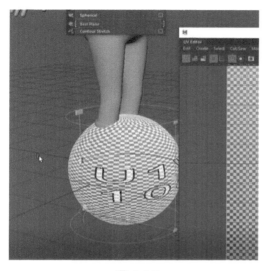
图 4-1-7

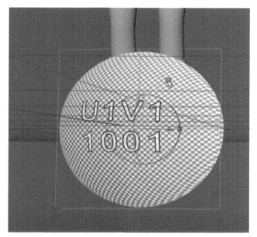
图 4-1-8

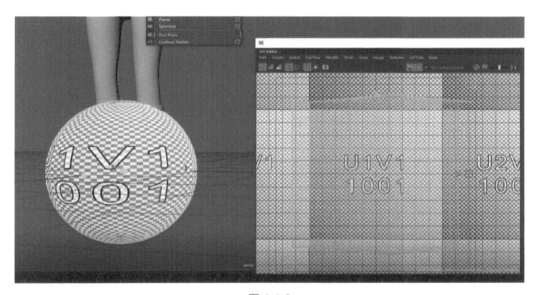
图 4-1-9

步骤 05：以上所介绍的投影方式所形成的 UV 都称为 UV 集。在 UV 编辑器中，UV 集菜单中的都是 UV 集，当前的 UV 集就是 map1，一个 UV 集代表一种贴图方式。比如重新选中球体模型，回到物体模式，打开"创建"菜单，新建平面投射方式，打开属性面板，选择新建的 UV 集复选框，单击"投射"【Project】按钮，如图 4-1-10 所示。这个时候，当前的球体就有两个 UV 集，一个是 map1，另一个是 UVSet1，这两个 UV 集是不同的投射方式产生的，一个物体只能选择一个 UV 集形式来对应相应的纹理。因此在创建时，一定要确认最后纹理要与哪个 UV 集进行对应。可以打开 UV 集的关系连接器，如图 4-1-11 所示，在纹理进行附着时，要指定好纹理与 UV 集的关系。这就是关于 UV 纹理编辑器中的 UV 映射方式。

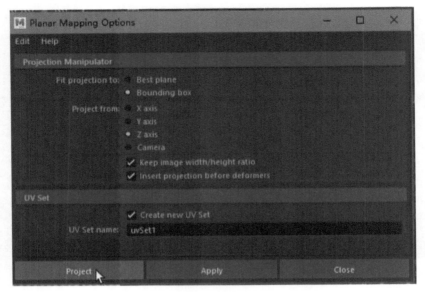

图 4-1-10

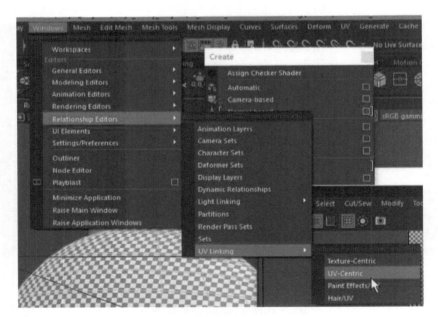

图 4-1-11

4.1.2 角色头部及躯干 UV 拆分方法

【范例分析】

角色的拆分主要是通过映射,接着选择边,再执行分割,然后对于分割开来的 UV 块进行展开操作,最后进行布局调整的过程。

【制作步骤】

步骤 01:为模型建立 UV 效果。选择角色模型,按 1 键进入粗糙模式,这样有利于快速进行相应的操作。选择角色头部模型,在 UV 编辑器中打开"创建"【Create】菜单,选择平面映射【Planar】选项,打开属性面板。首先进行重置设置,选择投射源【Project from】为 Z 轴【Z axis】,单击"投射"按钮【Project】,如图 4-1-12 所示。在 UV 纹理编辑器的第一象限中,生成如图 4-1-13 所示的 UV 效果。

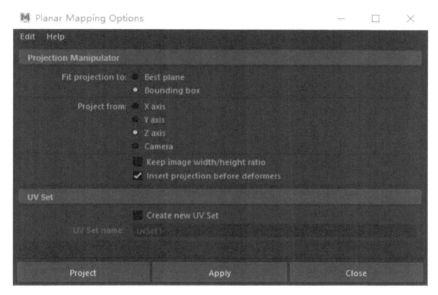

图 4-1-12

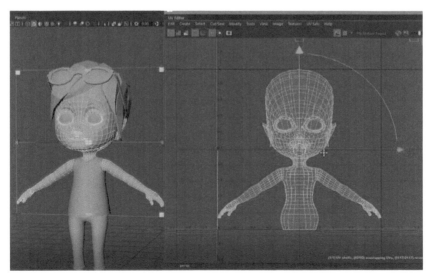

图 4-1-13

步骤 02：选中头发模型，在右侧层【Layers】菜单中单击"从选定对象创建层"【Create Layer from Selected】选项，为头发建立显示层，单击 V 字母，隐藏头发模型。以同样的方式为衣服裤子创建显示层，并进行隐藏，只保留头部，如图 4-1-14 所示。

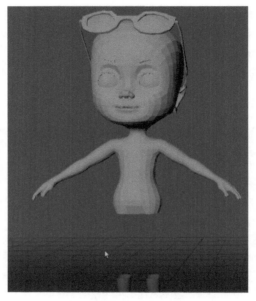

图 4-1-14

步骤 03：对头部和躯干进行分解。右击鼠标，在弹出的快捷菜单中选择边【Edge】选项，选中头部与颈部衔接的边，如图 4-1-15 所示。在 UV 编辑器中，选择切割/缝合【Cut/Sew】菜单中的分割【Split】选项，如图 4-1-16 所示。右击鼠标，选择 UV 壳，完成分解，移动头部和躯干到如图 4-1-17 所示位置。

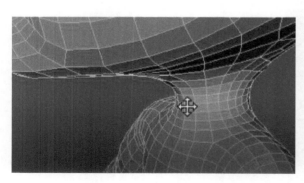

图 4-1-15

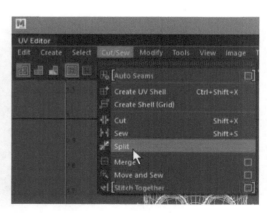

图 4-1-16

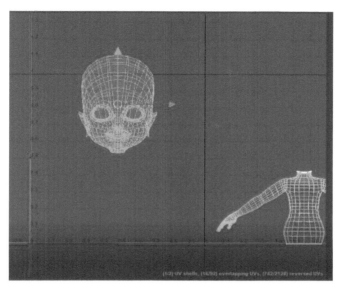

图 4-1-17

步骤 04：将头部隐藏部分进行 UV 分离。右击鼠标，在弹出的快捷菜单中选择边【Edge】选项，对眼部进行放大，双击选中如图 4-1-18 所示的循环边，执行分割操作。再次对鼻腔进行放大，选中图 4-1-19 所示的边，进行分割操作。接着对嘴部进行放大，选中如图 4-1-20 所示靠近里圈的循环边，进行分离操作。打开对称，选择 X 轴对称，再选择如图 4-1-21 所示的边，进行分离操作。分离以后的 UV 边界以高亮的方式进行显示，如图 4-1-22 所示。右击鼠标，切换 UV 壳的状态，移动头部，可以看到头部及隐藏部分的 UV 集，如图 4-1-23 所示。

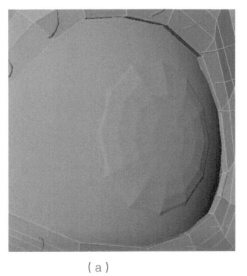

（a）

（b）

图 4-1-18

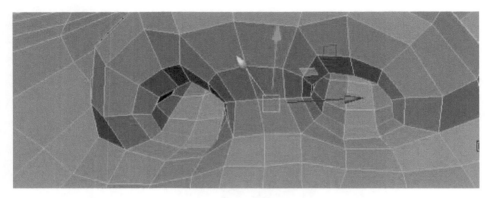

图 4-1-19

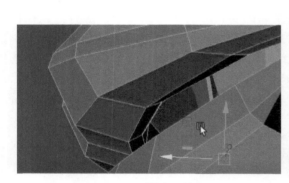

图 4-1-20

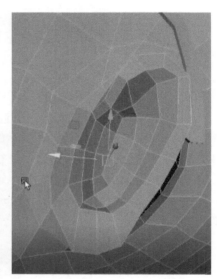

图 4-1-21

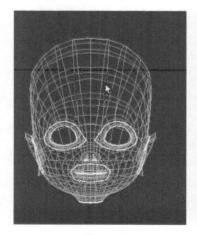

图 4-1-22

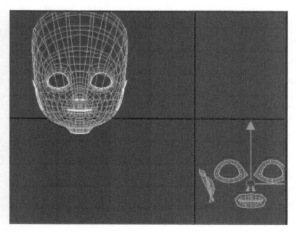

图 4-1-23

步骤 05：对头部进行 UV 拆分。右击鼠标，在弹出的快捷菜单中选择边【Edge】选项，按如图 4-1-24 所示开始进行选择，到图 4-1-25 所示结束，进行分割操作。移动到下巴位置，右击鼠标，在弹出的快捷菜单中选择顶点【Vertex】选项，删除图 4-1-26 所示多余的点。选中如图 4-1-27 所示的边，进行分割操作。选中头部模型，在 UV 编辑器右侧的 UV 工具包【UV Toolkit】中展开【Unfold】工具栏，按住 Shift 键选择展开【Unfold】选项，如图 4-1-28 所示，打开属性面板，重置设置，单击"关闭"按钮，选择展开【Unfold】选项，执行操作，完成头部的平面展开操作，如图 4-1-29 所示。

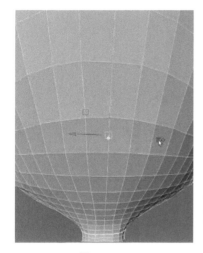
图 4-1-24

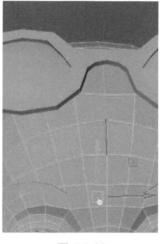
图 4-1-25

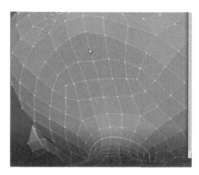
图 4-1-26

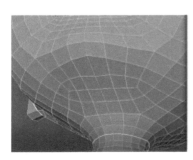
图 4-1-27

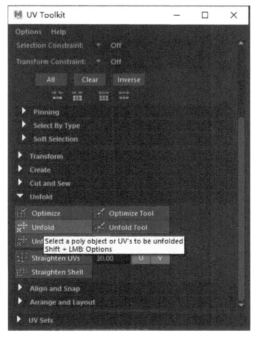
图 4-1-28

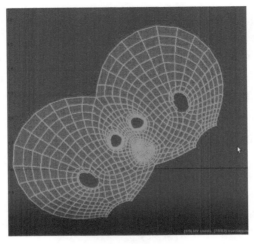

图 4-1-29

对于 Maya 展开功能自动解算的结果，可以满足一般需求，如果不能满足，可以利用展开功能右侧的展开工具进行手动调节 UV 点的拆分效果。

步骤 06：将头部 UV 进行定向操作。对于斜形的 UV 壳，我们可以在 UV 壳状态下，在 UV 工具包【UV Toolkit】中，找到排列和布局【Arrange and Layout】栏，选择定向壳【Orient Shells】选项，可以用旋转工具将它旋转到合适位置，然后选择定向壳选项，如图 4-1-30 所示。

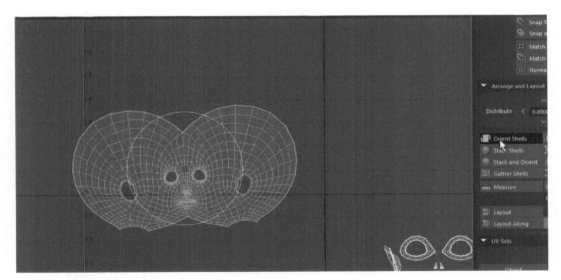

图 4-1-30

步骤 07：对隐藏部分进行展开操作。对耳朵直接进行展开操作，然后执行展开功能上面的优化操作，关闭对称，将两只耳朵移动到一起，拖离其他部位。选中口腔，右击鼠标，在弹出的快捷菜单中选择边【Edge】，再选择如图 4-1-31 所示的边，切换到 UV 壳，进行展开操作，同样进行定向操作，如图 4-1-32 所示。

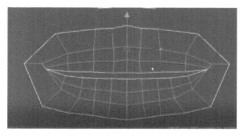
图 4-1-31

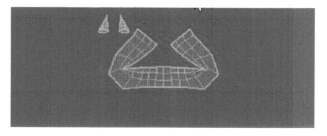
图 4-1-32

步骤 08：对躯干进行分离操作。打开 X 轴对称，在边的状态下，分别在肩和手腕处进行分离操作，如图 4-1-33 所示。接着进行背部分离操作，在点的模式下，选择废弃的点直接进行删除，回到边的状态，选择如图 4-1-34 所示的两条边，分别进行分离操作，然后进行展开操作并通过定向壳的方式进行定向操作，如图 4-1-35 所示。接着找到手臂的背侧，选中如图 4-1-36 所示的边进行分离操作，再执行展开与定向壳操作，然后旋转到合适位置，关闭对称，移动它们并放置到一起，如图 4-1-37 所示。最后对手进行拆分操作，选中如图 4-1-38 所示的手部的边，进行分离与展开操作。

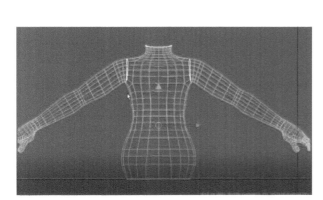
图 4-1-33

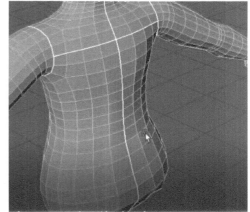
图 4-1-34

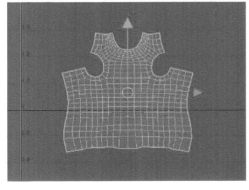
图 4-1-35

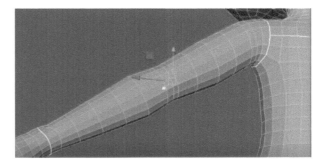
图 4-1-36

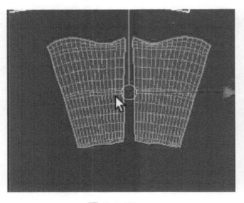
图 4-1-37

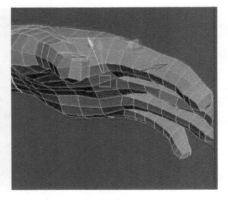
图 4-1-38

手的展开会存在缺陷，如图 4-1-39 所示，右击鼠标，切换到 UV 壳，选择一只手进行移动，关闭 X 轴对称，选择如图 4-1-40 所示的边，在 UV 工具包【UV Toolkit】中打开切割和缝合【Cut and Sew】工具栏，选择缝合到一起【Stitch Together】工具，完成缝合如图 4-1-41 所示。再次选择 UV 壳，进行展开并旋转操作，得到手的 UV。

图 4-1-39

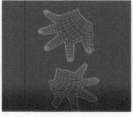
图 4-1-40

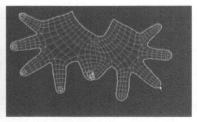
图 4-1-41

步骤09：选中所有的UV，在排列和布局【Arrange and Layout】栏中选择排布【Layout】操作，所有的 UV 就被放置到第一象限当中，并合理布局 UV 块结构，将对称的结构放在一起，如图 4-1-42 所示。

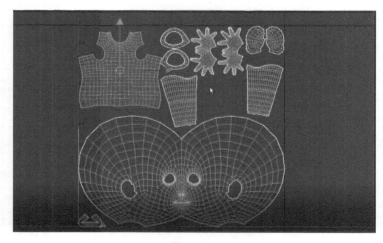
图 4-1-42

4.1.3 服装及发饰 UV 拆分方法

【范例分析】

如果一个模型已经完成 UV 拆分，另一个模型与它结构相同，则可以通过传递的方式对 UV 进行拆分操作。

【制作步骤】

步骤 01：选择鞋子模型，打开 UV 编辑器【UV Editor】，在 UV 编辑器中打开"创建"【Create】菜单，选择平面映射【Planar】选项，打开属性面板。选择投射源为 Y 轴，其 UV 形态如图 4-1-43 所示。右击鼠标，选择 UV 壳，通过移动将鞋子与鞋带分开。

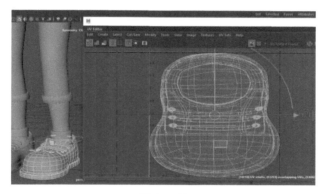

图 4-1-43

步骤 02：右击鼠标，回到边【Edge】状态，选择如图 4-1-44 所示的循环边，在 UV 编辑器中，选择切割/缝合【Cut/Sew】工具中的分割【Split】操作。选择如图 4-1-45 所示的循环边，再次进行分割操作，选择 UV 块，将其移动到新的位置。鞋面部分，通过后跟处的边进行分离，如图 4-1-46 所示。将鞋面切换到 UV 块结构，在 UV 编辑器右侧的 UV 工具包【UV Toolkit】中打开展开【Unfold】工具栏，选择展开【Unfold】工具，完成的效果如图 4-1-47 所示。接着对鞋面通过定向壳的方式进行定向操作。

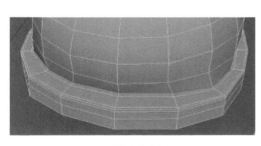

图 4-1-44

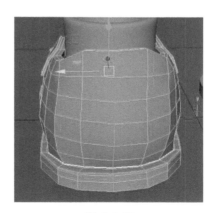

图 4-1-45

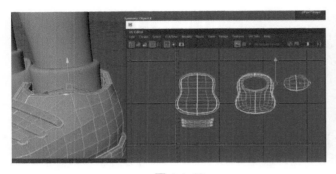
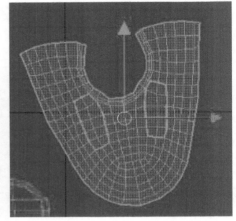

图 4-1-46　　　　　　　　　　　　　图 4-1-47

步骤 03：对鞋底进行展开操作，再进行解算，并对其进行定向操作，如图 4-1-48 所示。对所有模型通过手动的方式进行布局操作，如图 4-1-49 所示。

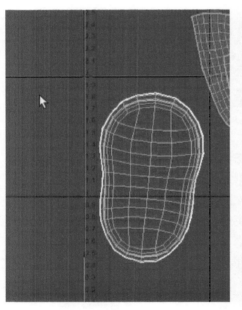
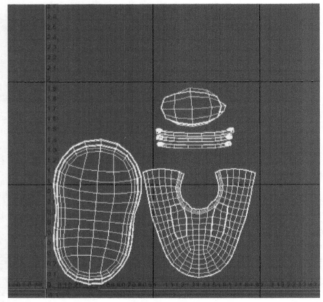

图 4-1-48　　　　　　　　　　　　　图 4-1-49

步骤 04：回到物体模式，选中创建好的 UV 模型，加选另外一只鞋子模型，单击网格【Mesh】菜单，选择传递属性【Transfer Attributes】选项，如图 4-1-50 所示。打开属性面板，首先重置设置，然后在属性设置的采样空间【Sample space】中选择组件【Component】方式进行传递，如图 4-1-51 所示，单击"应用"【Apply】按钮，这样就完成了一只鞋子向另一只鞋子 UV 的传递。

图 4-1-50

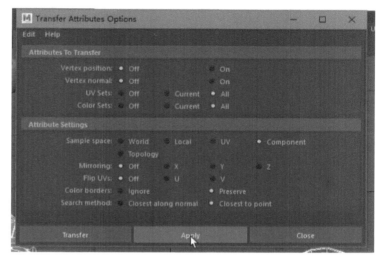
图 4-1-51

步骤 05：对于眼镜模型，因为摄影机的角度发生了变化，因此旋转眼镜模型使之朝向摄影机。接着在 UV 编辑器中打开"创建"【Create】菜单，选择基于摄影机【Camera-based】选项，单击"应用"【Apply】按钮，形成如图 4-1-52 所示的 UV 集（也可以利用基于法线的方式或通过平面映射方式，切换操纵器来进行旋转，然后放大。在平面映射中，我们也可以打开【Project from】选项，选择保持图像宽度／高度比率不变【Keep image width/height ratio】选项，如图 4-1-53 所示，以正方形的方式进行映射，再进行相应旋转），最后进行裁剪。

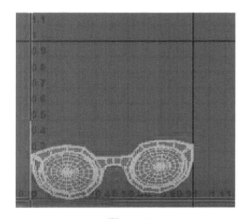
图 4-1-52

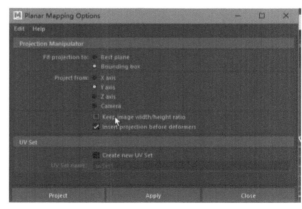
图 4-1-53

步骤 06：对瞳孔和眼球可以同时进行映射。选中瞳孔和眼球模型，在 UV 编辑器中打开"创建"【Create】菜单，选择平面映射【Planar】选项，打开属性面板，选择投射源【Project from】为 Z 轴【Z axis】，单击"投射"【Project】按钮，如图 4-1-54 所示。它可以对两个物体同时进行操作，然后进行合理的划分和布局设置。这些就是关于 UV 的操作要点。

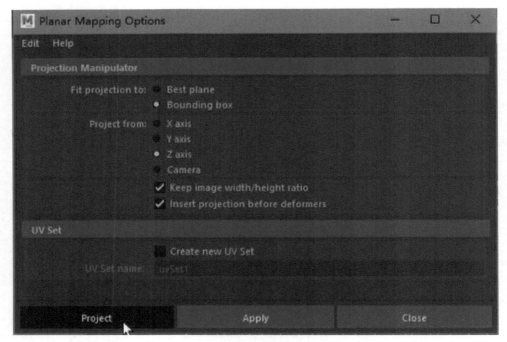

图 4-1-54

4.2 卡通角色纹理绘制方法

【范例分析】

本案例主要通过导出 UV 纹理,并存为 PSD 文件,在 PS 中进行纹理的绘制,然后输出为 JPG 格式文件,最后对模型添加材质,完成角色纹理绘制。

【制作步骤】

步骤 01:打开"文件"【File】菜单,选择"打开场景"【Open Scene】选项,选择实例场景 Character_model_UV.mb 文件,单击"打开"【Open】按钮,如图 4-2-1 所示。首先选中头部模型,选择 UV,打开 UV 编辑器,单击"图像"【Image】菜单,选择创建 PSD 网络【Create PSD Network…】选项,如图 4-2-2 所示,接着在弹出的创建面板中,单击文件夹图标进行指定存储位置,指定存储在工程目录的 sourceimages 文件夹中,并命名为 head_Uv_texture,如图 4-2-3 所示。

第 4 章　Arnold 角色渲染

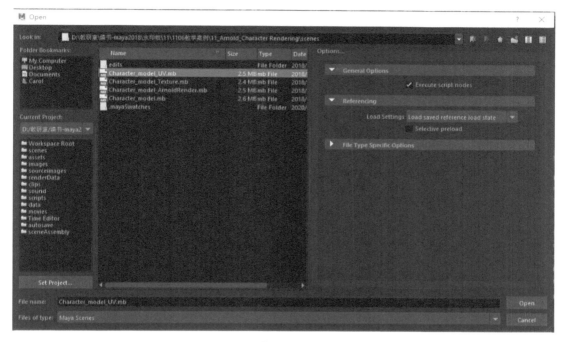

图 4-2-1

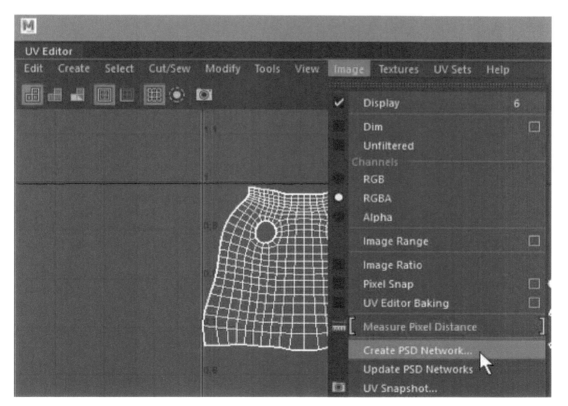

图 4-2-2

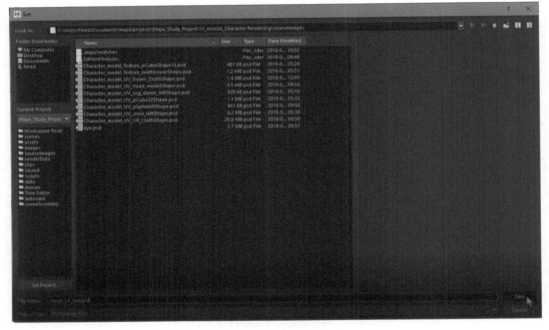

图 4-2-3

根据图像的大小和要求合理设置其大小，图像越大，制作的纹理效果越清晰，"1024"主要用于设置比较小的模型；UV 设置，保持默认的属性即可；属性的选择，通常是 Color 部分，选中再向右转移，这代表当前 PSD 格式会带有 Color 的图层，如果还需要其他属性也可以进行创建，如图 4-2-4 所示。

图 4-2-4

步骤 02：在工程目录 sourceimages 中找到 head_Uv_texture.psd 文件，在 Photoshop 中打开此文件，创建新图层进行皮肤颜色的绘制。找到 lambert1.color 图层，其上面一层用于捕捉 UV 图形，如图 4-2-5 所示。在这里主要进行颜色的设置（如果对皮肤颜色色系不清楚，可以参考其他绘制的比较好的图文样式），把参考图像在 Photoshop 中打开，比如需要皮肤的基本颜色，我们可以用吸取工具，在颜色色表中单击"新建"按钮，如图 4-2-6 所示，弹出对话框，命名为 skin001，保存在 Photoshop 的库中。将腮红的颜色，创建为 face_red001，保存到库中。将其他有需要的颜色也有序保存到库中。

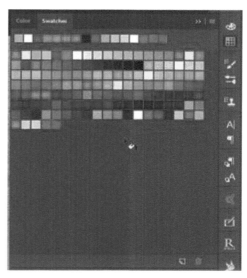

图 4-2-5　　　　　　　　　　　图 4-2-6

步骤 03：回到之前 PSD 文件中，将之前创建的新图层命名为 head skin，在颜色库中选择相匹配的颜色，单击笔刷工具，在需要绘制纹理的地方进行大面积的绘制，如图 4-2-7 所示。对于口腔里面的部分，选择口腔颜色，缩小笔刷，进行绘制，如图 4-2-8 所示。对于鼻子部分，我们还用皮肤的颜色进行绘制，要注意的是模型边缘部分需要小心绘制。眼睛里面的部分，可以使用与眼影同样的颜色绘制，如图 4-2-9 所示。对于嘴部的颜色，首先新建图层，用钢笔工具来绘制嘴部轮廓，越精细越好，然后调整形态，将之转换成选区，再右击，在弹出的快捷菜单中选择【Make Selection】选项，如图 4-2-10 所示。打开绘制选区的羽化值，采用默认单位，单击【OK】按钮，绘制好口红的区域，找到相应的颜色，比如红色。按 Shift+ 后退键，选择前景色进行填充，得到口红区域的设置，如图 4-2-11 所示。按 Ctrl+D 组合键取消选区，可以通过关闭 UV 纹理块来进行查看。接下来，新建图层，选择 face_red，使用画笔工具，修改笔刷的硬度及大小，在相应位置进行单击，在对称区域同样进行单击，通过观察，调整透明度。如果要扩大渲染，可以通过滤镜中的高斯模糊方式进行设置，如图 4-2-12 所示，得到自然的过渡效果。再次新建图层，对眼影进行绘制，选择眼影颜色，调节小的笔刷，调小羽化值，根据合理的线路进行均匀绘制，绘制好以后复制当前层，如图 4-2-13 所示。进行镜像操作，再进行移动，大致绘制出当前的形态，效果如图 4-2-14 所示。

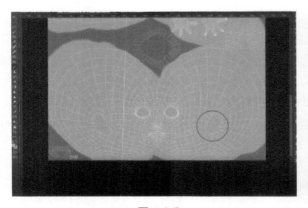
图 4-2-7

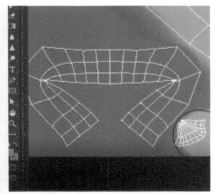
图 4-2-8

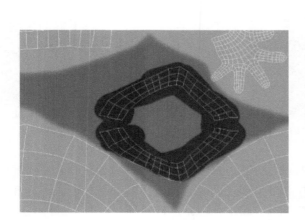
图 4-2-9

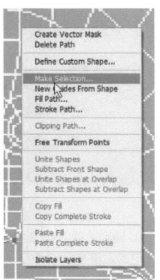
图 4-2-10

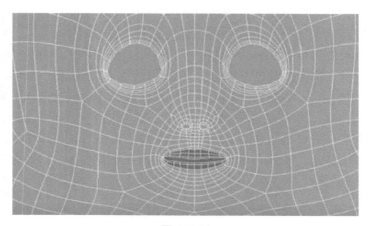
图 4-2-11

图 4-2-12

图 4-2-13

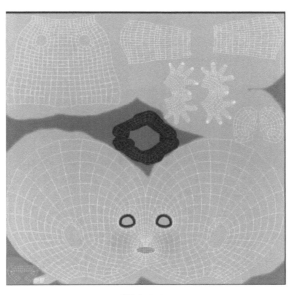
图 4-2-14

步骤 04：利用当前 UV 空间做遮罩。选择选区工具，再选择如图 4-2-15 所示的 UV 块，按 Shift+Ctrl+A 键进行反向选择，选择扩展选区【Expand】选项，如图 4-2-16 所示，设置扩展 5 个单位，然后在文件夹上方选择选区生成 mask，效果如图 4-2-17 所示。对当前 PSD 文件进行存储，保存时要关闭 UV 的显示，保存成相同的文件名，修改文件格式为 JPG，再单击"保存"按钮。

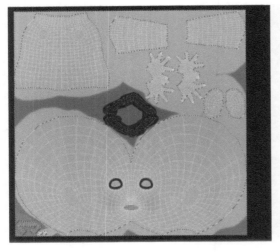
图 4-2-15

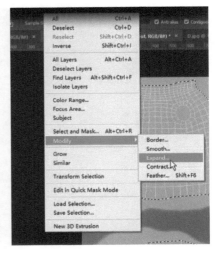
图 4-2-16

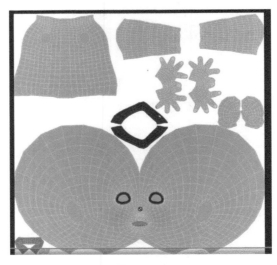
图 4-2-17

步骤 05：在 Maya 中查看绘制效果。单击如图 4-2-18 所示的按钮，打开 Hypershade 窗口，然后创建测试材质节点 Blinn，在 Color 属性上添加 file 纹理，再指定我们生成的 JPG 纹理图，然后在场景中通过纹理显示装置，右击指定对象来查看材质效果。如果模型没有出现纹理，可以单击图 4-2-19 中的按钮，确认是否启用了"只观看默认效果"选项。当前找到 lambert1，它已经默认连接 PSD 文件，将之删除，再查看当前绘制的纹理效果，如图 4-2-20 所示，完成纹理的绘制。

图 4-2-18

图 4-2-19

图 4-2-20

4.3 角色 Arnold 材质制作

4.3.1 角色皮肤 SSS 材质制作要点

【制作步骤】

步骤 01：对角色进行相应的 Arnold 材质制作。单击"文件"【File】菜单，选择"打开场景"【Open Scene】选项，再选择 Character_model_Texture.mb 文件，单击"打开"【Open】按钮，如图 4-3-1 所示。打开 Hypershade 窗口，依次创建 Arnold 材质，单击【aiStandardSurface】（标准的表面材质），如图 4-3-2 所示。在右侧属性栏中将当前材质命名为 ai_head，单击基础设置中【Color】后的贴图按钮，选择"外部文件"【File】选项，如图 4-3-3 所示。接着选择属性栏中图像名称的文件夹图标，打开之前绘制好的纹理图像 Character_model_UV_Head_modelShape.jpg，如图 4-3-4 所示。

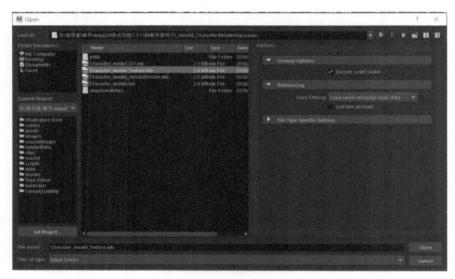

图 4-3-1

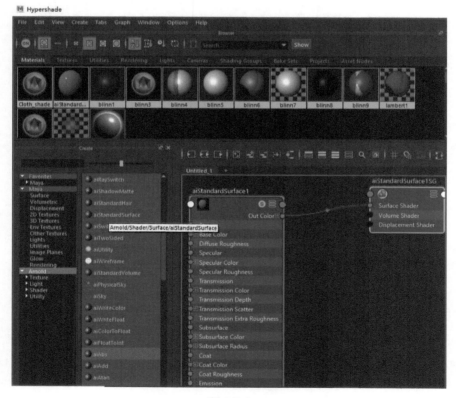

图 4-3-2

第 4 章　Arnold 角色渲染

图 4-3-3

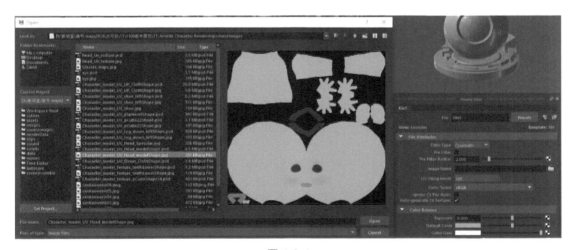

图 4-3-4

步骤 02：选中角色头部模型，右击表面材质，在弹出的快捷菜单中选择"为视口选择指定材质纹理"【Assign Material To Viewport Selection】命令，如图 4-3-5 所示，对当前材质进行调节。进行皮肤材质制作时，通常需要让皮肤具有 SSS 效果，就是次表面的散射效果，比如皮肤、蜡烛和一些半透明的物体都具有光线对表面下层的散射特性，这就是 Arnold 材质优于 Maya 自身材质的地方。打开右侧属性栏中的次表面属性【Subsurface】，将参数【Weight】设置为 0.1，下面的参数就会被激活，如图 4-3-6 所示。在图表结构里面，拖动【Out Color】，找到次表面颜色属性【Subsurface Color】，进行链接释放，如图 4-3-7 所示。

101

图 4-3-5

图 4-3-6

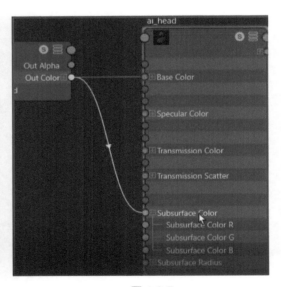

图 4-3-7

步骤 03：预览当前效果时，打开 Arnold 菜单中自身的渲染窗口，如图 4-3-8 所示，在渲染窗口中可以进行预览，也可以通过渲染设置更改预览窗口为长方体，如图 4-3-9 所示。再次打开 Arnold 渲染窗口，预览窗口变为长方体。为了更好地预览，选择"创建"【Create】菜单，单击"摄影机"【Cameras】选项，选择"摄影机"【Camera】选项，如图 4-3-10 所示。然后在面板编辑器中切换到摄影机视图，打开解析框，便于对位观察，如图 4-3-11 所示。再次在面板编辑器中切换到透视图，便于移动角色的观察视角，打开 Arnold 预览窗口，如

图 4-3-12 所示。摄影机选择为 CameraShape1，单击后方的"预览"按钮，看到预览窗口处于黑色的状态。接着在 Arnold 的工具架中找到天光，如图 4-3-13 所示，通过当前光影效果，可以预览图像的材质效果。

图 4-3-8

图 4-3-9

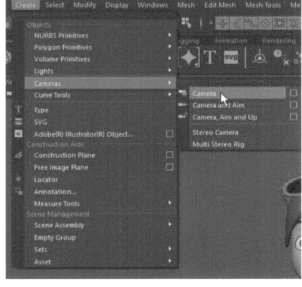

图 4-3-10

图 4-3-11

图 4-3-12

图 4-3-13

步骤 04：对头部皮肤材质效果进行调节。首先调整头部的高光反射部分，在标准材质中降低整体的高光特性，如图 4-3-14 所示，在【Specular】属性中将【Weight】设置为 0.6，粗糙属性【Roughness】设置为 0.4，观察渲染效果（主要利用粗糙度来影响反射效果）。接着调整 SSS 效果（主要在逆光和强光下有很好的穿透效果，使皮肤更加生动），在次表面属性【Subsurface】中，将【Weight】设置为 0.2，也可以给面部增加高光操作，在 Arnold 的工具架中找到面光，如图 4-3-15 所示，增加面部整体的反射效果。如图 4-3-16 所示，选择面板编辑器中的"被选择物体来查看"【Look Through Selected】选项，然后回到透视图，调节面部灯光的高度，对它的强度进行增大处理。如图 4-3-17 所示，将灯光的【Intensity】数值设置为 20（设置此值的目的主要是看皮肤材质的高光部分对高光的反应）。

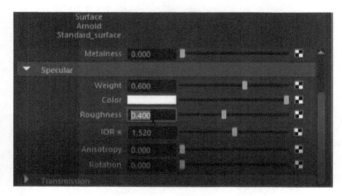

图 4-3-14

图 4-3-15

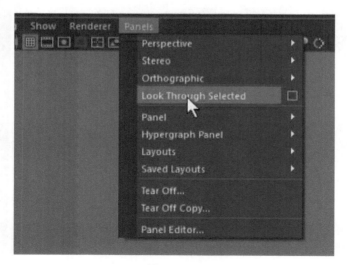

图 4-3-16

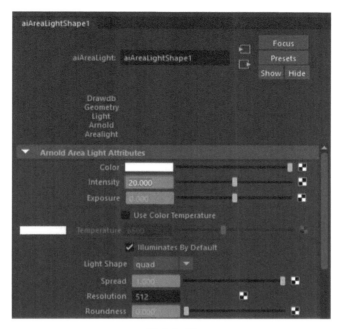

图 4-3-17

步骤 05：在预览窗口中单击角色脸部，相当于选择了当前部分模型的材质。然后在右侧属性栏中的【Specular】中将【Roughness】设置为 0.3，进行高光的设定，如图 4-3-18 所示。这时可以看到角色脸部具有部分高光效果。继续增强面部灯光，来观察效果，即看看当前皮肤在强光照射下的效果。改变当前灯光的扩展角度为 0.3，相当于聚光状态。如果皮肤的高光比较强，我们需要将之减弱（要让皮肤适应更多的光线），将【Specular】中的【Roughness】设置为 0.4。切换到摄影机视图，进行推进，可以看到图 4-3-19 所示嘴部的高光比较弱，可以用贴图的方式，对嘴部进行高光的设置，以及它与皮肤之间的控制。

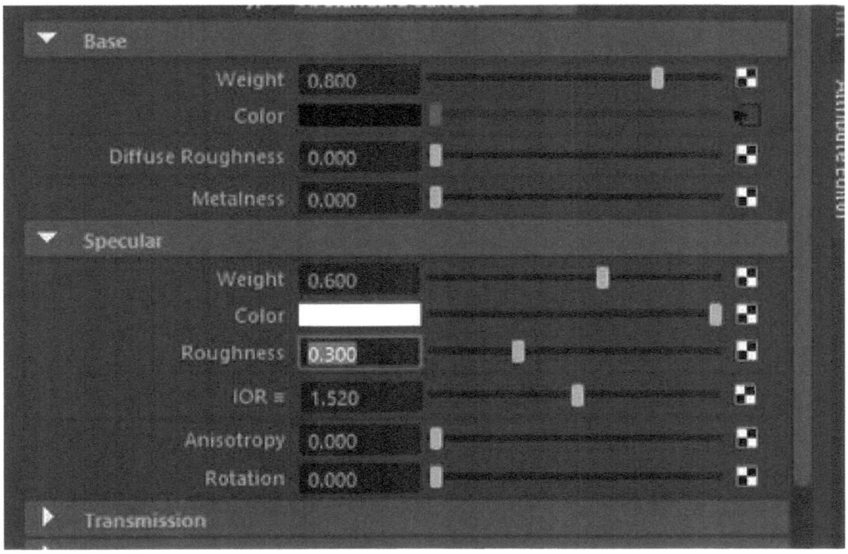

图 4-3-18

图 4-3-19

步骤 06：在 Photoshop 中打开 Character_model_UV_Head_Specular.jpg 文件，如图 4-3-20 所示，在嘴部和指甲盖部分进行白色的绘制，让此处的高光区域更加明显，而脸部大部分区域都是比较弱的高光，这样有利于区分，在自己绘制时可以运用这种提示效果进行相应的绘制。单击【Specular】中【Color】后的贴图按钮，选择外部文件【File】，单击"创建"按钮，接着选择属性栏中图像名称的文件夹图标，打开绘制好的 Character_model_UV_Head_modelShape.jpg 文件，当前操作后脸部高光消失，需要重新设置参数。然后在右侧属性栏的【Specular】中将【Weight】设置为 1.0，粗糙度【Roughness】降低为 0.3，这时就可以看到，嘴唇部分的高光会显现出来，而脸部的高光会相对弱一些，进一步降低粗糙度【Roughness】为 0.25，提高整个脸部高光的自然程度（这个就是皮肤效果的主要设置，一个是高光的控制，另一个是 SSS 次表面散射的透射效果。通过权重值来进行控制，权重值越大，进入的光线强度就会越大，这样 SSS 次表面散射的透射效果才更强烈。但并不是越强烈就越自然，还需要根据模型场景的大小特征，来进行有效的设置）。

图 4-3-20

4.3.2 牙齿及眼镜材质制作要点

【制作步骤】

步骤 01：对牙齿部分进行贴图。在 Hypershade 窗口中选择外部文件【File】，再选择属性栏中图像名称的文件夹图标，打开之前绘制好的纹理图像 Character_model_Texture_teethlowerShape.jpg，如图 4-3-21 所示。在渲染预览窗口中，框选嘴部区域进行渲染预览。选择牙齿，右击表面材质，在弹出的快捷菜单中选择"为视口选择指定材质纹理"【Assign Material To Viewport Selection】命令。

图 4-3-21

步骤 02：调节贴图的发光属性【Emission】，将【Weight】设置为 0.203，材质会变亮，但实际效果中牙齿会发灰。这时需要创建新的材质 aiUtility，如图 4-3-22 所示，将纹理的颜色链接到新材质的【Color】上面，如图 4-3-23 所示。右击表面材质，在弹出的快捷菜单中选择"选择具有材质的对象"【Select Objects with Material】命令，如图 4-3-24 所示。然后右击 aiUtility，在弹出的快捷菜单中选择"为视口选择指定材质纹理"【Assign Material To Viewport Selection】命令。

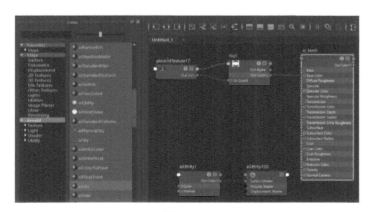

图 4-3-22

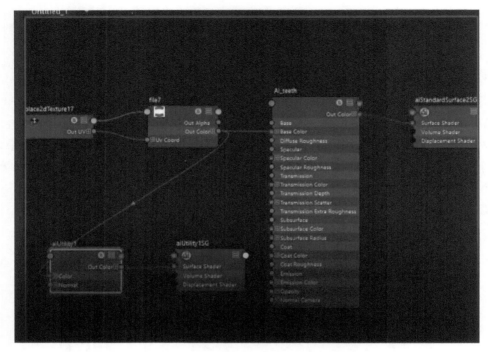

图 4-3-23

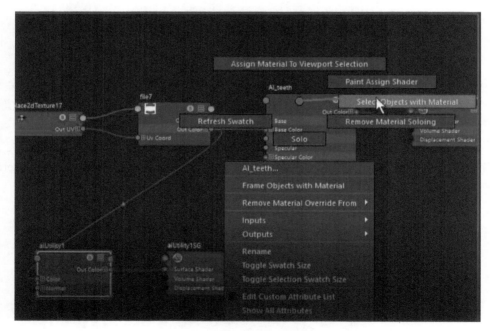

图 4-3-24

步骤 03：断开牙齿材质与表面属性的链接，将自发光属性关闭或适量调小。新建材质 aiMaxShader，将 Ai_teeth 放置到 Shader1 中，再将 aiUtility1 放置到 Shader2 中，如图 4-3-25 所示，将两个材质进行混合，接着右击 aiUtility1，在弹出的快捷菜单中选择"选择具有材质的对象"【Select Objects with Material】命令，然后右击 aiMaxShader，在弹出的快捷菜单中选择"为视口选择指定材质纹理"【Assign Material To Viewport Selection】命令。这个时候牙齿既有标准材质的高光特性，也有程序材质的颜色属性。然后调节混合节点【Mix Weight】的比例，使之达到很好的一个状态，如图 4-3-26 所示。接着调节自发光属性，其值设置为 0.175，让整个牙齿呈现出白色的效果。

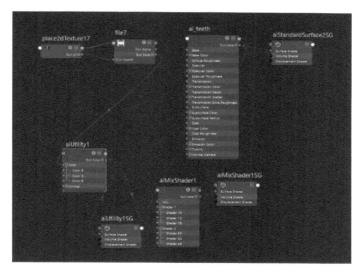

图 4-3-25

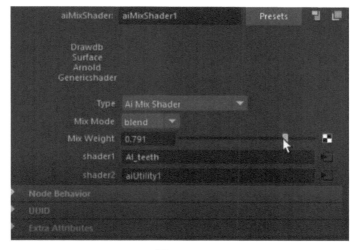

图 4-3-26

步骤 04：为眼镜创建材质。对眼镜执行分离操作，打开网格【Mesh】菜单，选择分离【Separate】选项，如图 4-3-27 所示。然后选择两个镜片，在 Arnold 属性中，取消不透明【Opaque】选项，如图 4-3-28 所示，这样才能在材质制作时显示正确的材质效果。单击图 4-3-29 中的按钮，清空工作区，然后在 Arnold 中打开标准表面材质【aiStandardSurface】，选择镜片模型，右击，然后指定材质。

图 4-3-27　　　　　　　　　　　图 4-3-28

图 4-3-29

步骤 05：调整参数属性。在右侧属性栏中，将基础颜色调整到较低的程度，在透明属性【Transmission】中改变【Weight】值为 0.604，如图 4-3-30 所示，镜片变为透明效果。

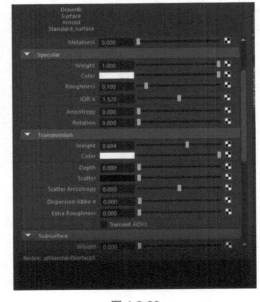

图 4-3-30

这些都是在当前场景中需要注意的地方，角色的眼睛也可以依次来创建标准的 Arnold 材质进行贴图和替换，对高光部分也要进行合理设置。角色的衣服通常也需要合理控制高光，要根据布料的特性是否有高光等来设置。所有的属性，我们需要考虑的就是要根据标准材质的主要属性来设置，比如是否有高光；高光的强弱，也要进行相对调整；对于透明物体，要取消不透明选项及透明度的调整。其他部分根据上述方法进行调整创作。

4.4　Arnold 卡通角色灯光与渲染制作要点

【制作步骤】

步骤 01：打开文件【File】，选择"打开场景"【Open Scene】选项，再选择 Character_model_ArnoldRender.mb 文件，单击"打开"按钮，如图 4-4-1 所示。接着对最终渲染文件进行分析。

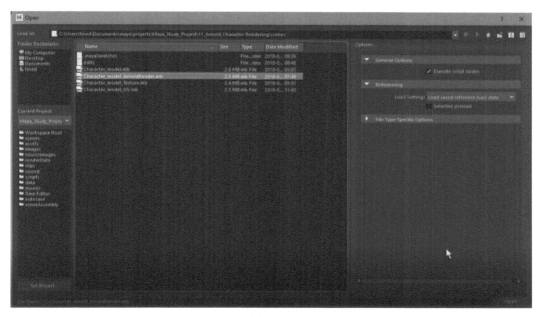

图 4-4-1

步骤 02：选择如图 4-4-2 所示的灯光，它是一个主光效果，提供主要照明。单击图 4-4-3 所示的图标按钮打开渲染设置。在 Arnold Render 选项中的参数设置，如图 4-4-4 所示，这样有利于测试时进行观看。如图 4-4-5 所示，选择摄影机【Camera1】选项，并调整到合适的角度，便于测试观察当前角色。再次回到透视图中，打开 Arnold，选择 Anrold 渲染器【Open Arnold RenderView】，进行场景的交互设计。

图 4-4-2

图 4-4-3

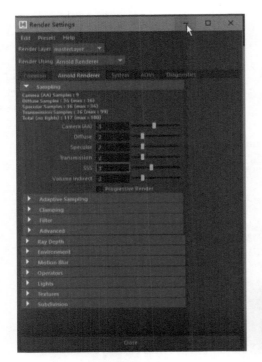

图 4-4-4

图 4-4-5

步骤 03：主光的参数设置，如图 4-4-6 所示，调节强度【Intensity】设置为 30，曝光度【Exposure】设置为 4（强度和曝光度可以结合调节，曝光度能快速变化灯光的强弱），扩展角度【Spread】设置为 0.4（扩展角度有利于光影和造型的体现）。形成的发际线的投影及整个身体对于地面的投影，如图 4-4-7 所示。

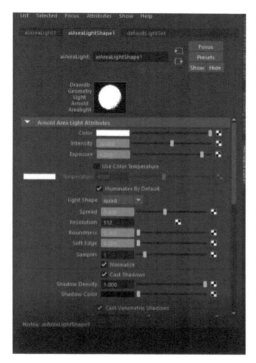

图 4-4-6

图 4-4-7

步骤 04：如图 4-4-8 所示为辅光效果，辅光主要提供侧面阴影的补充效果及包括补充眼神光等区域的效果。辅光的参数设置，如图 4-4-9 所示，设置强度【Intensity】为 30，扩展角度【Spread】为 0.4，但它的曝光度【Exposure】设置为 1，即让它要弱于主光。

图 4-4-8

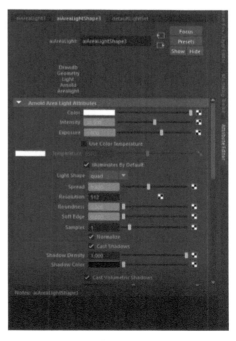

图 4-4-9

步骤 05：最重要的是图 4-4-10 所示的背光的设置，主要形成角色头顶的高亮及手臂边缘的高亮，整个灯光的设置主要模拟现实影棚对角色照明造成的灯光效果。背光的参数设置，如图 4-4-11 所示，相对来说，其曝光度【Exposure】相对强烈，扩展角度更加聚合，提供了强度照明，这样有利于角色与背景形成空间感。

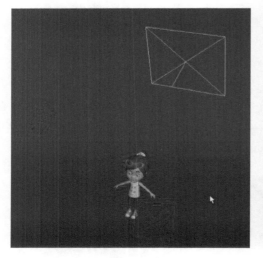

图 4-4-10

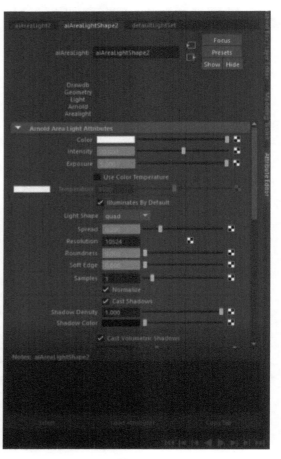

图 4-4-11

步骤 06：在创建背景图像时，地面的衔接部分与垂直部分要适当平缓些，使渲染时产生横向的阴影效果。在透视图中，可以根据角色观察的角度，来对背景进行自由的旋转。切换到摄影机视图，如果发现背景布尺寸不足以遮挡整个的渲染区域，就需要通过旋转背景布的方式进行调节，以便于构成更好的画面效果。

步骤 07：找到合适的视角，进行最终的渲染。对当前交互状态，眼镜的玻璃材质进行修改，关闭深度【Depth】，降低颜色【Color】值，参数设置如图 4-4-12 所示。这样眼镜的黑色就是灯光的投影结果。要使眼镜透明，可以适当增加深度，在选择角度以后进行最终的渲染。在当前窗口中，打开渲染设置界面，参数设置如图 4-4-13 所示，最终在渲染窗口中预览，完成渲染。

图 4-4-12

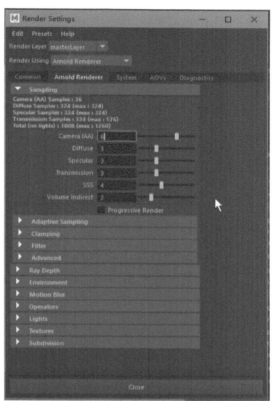

图 4-4-13

第 5 章
Arnold 室内场景渲染

关键知识点

- 室内场景渲染流程介绍
- 场景中物体的布料材质效果制作
- 场景中物体的不锈钢金属材质效果制作
- 场景中物体的玻璃材质效果制作
- 场景灯光照明与环境设置
- 渲染输出设置

5.1 室内场景渲染流程介绍

在三维软件中针对于大型场景的渲染，总是一个十分复杂和烦琐的过程。在实际工作或创作过程中，我们既要考虑整体的场景风格表现和光影效果的特点要求，也要精心设计调整每个物体单元的实际物理质感和纹理特性。因此，在针对大型场景渲染时，我们通常需要进行以下几个具体的操作流程步骤。

5.1.1 选择相应的渲染器

选择何种渲染器来进行场景的渲染和输出工作，是一个十分重要的项目思考和决定。不同的渲染器，有着不同的核心计算方法，具体表现在材质设定、灯光计算、渲染输出等功能实现上的不同，也就决定了最终场景输出画面的特点和要求的不同。在某些特定情况下，它也决定了是否能够顺利完成项目的实际需要，比如 Maya 默认的软件渲染器，就不具备全局照明（Global Illumination）功能，因此对于场景渲染来说，就无法完成复杂的灯光阴影计算，也就无法得到更加真实的画面效果。如图 5-1-1 所示，我们就可以理解有无 GI 全局照明效果对于真实性的影响效果。

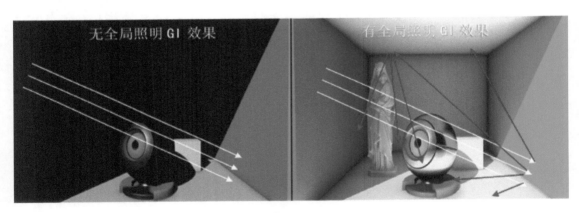

图 5-1-1

当然，在本章节的室内场景渲染教学中，我们还要具体来讲解 Arnold 渲染器的使用方法，包含当前场景中典型的物体材质制作及灯光的设置方法等，如图 5-1-2 所示。

图 5-1-2

5.1.2 场景整理：归类与分组

在渲染工作中，对场景中的物体进行合理的分类整理是一个良好的制作习惯，这样有利于提高我们的工作效率和纠错工作，从而让工作有条不紊地进行。比如本章要学习的室内场景，如图 5-1-3 所示，场景中物体繁多，如果我们不进行合理的归类分组，就很容易造成工作的混乱与低效率，甚至是某些物体在材质制作上的疏失。

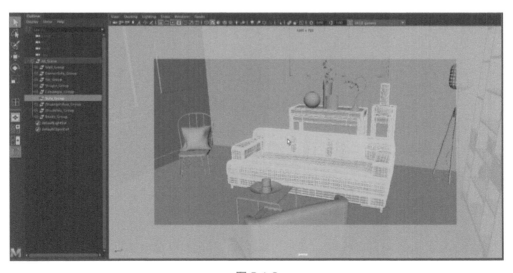

图 5-1-3

对场景进行合理的归类分组后，我们也可以通过显示层方式来对场景中归类的物体进行特定的显示或隐藏操作，从而简化场景显示，并提高制作效率，如图 5-1-4 所示。

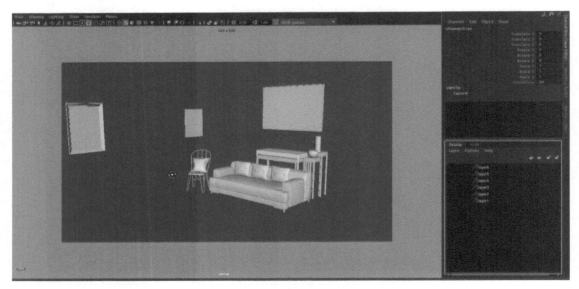

图 5-1-4

5.1.3 物体纹理 UV 拆分

在完成之前的流程步骤后，我们就可以来检查当前场景中的物体是否都已具有良好的纹理 UV 了。这一步有两种情况：一种是场景中的物体没有进行合理的纹理 UV 拆分，那么我们需要对当前场景中的物体进行纹理 UV 的拆分，以便于后面进行纹理绘制和材质制作；另一种是场景中的物体已经进行了合理的纹理 UV 拆分，我们就可以直接进行材质纹理的制作。总之，对场景中物体的纹理 UV 的检查与拆分是一个十分重要的工作步骤。

5.2 场景中物体的布料材质效果制作

5.2.1 制作分析

在具体材质效果设置前，应该首先对于要制作的物体材质特性进行合理的物理特性分析，这里我们要制作的是布料效果，那么就要对现实生活中看到的布料，有一个质感上的分析。比如布料是纯色的还是带有图案纹理的；是否有光泽感等。有了这些基本的分析了解，那么我们就可以更加清晰高效地利用三维软件所提供的材质类型及对应的属性功能来模拟实现想要制作的布料材质效果。使用 Arnold 渲染器，通常主要通过 Arnold 标准材质的 3 个基本属性来实现：一是利用颜色属性来实现布料颜色或布料的基本纹理外观特性；二是高光属性，可以调节高光属性让布料表面获得相应的光滑质感；三是凹凸属性，利用 NormalMap 法线贴图纹理图像，来增强布料的机理效果，比如褶皱、布料纺织纹理特性等。

假如场景中的物体已经制作了 Maya 默认的材质效果，如果要转换到 Arnold 材质效果，我们需要重新来连接相应的纹理到 Arnold 材质的特定属性上去。

5.2.2 制作步骤

步骤 01：对场景中的物体进行归类整理与分类显示操作。

首先我们可以选择场景中的相应物体，通过"成组"【Group】命令对场景中的物体进行归类分组整理，并命名好相应的组名称，如图 5-2-1 所示。

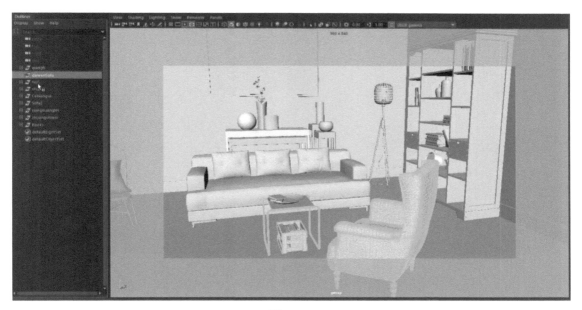

图 5-2-1

如果场景中物体的种类及数量过于复杂，我们也可以利用 Maya 的显示层功能来简化场景中物体的显示。选择不同的物体组，在"显示层"菜单中，选择"从选定对象创建层"【Create Layer from Selected】选项，为场景中的组 qiangti、danrenSofa、zhuangshiwu、books、shujia 及 cebiangui 建立显示层，如图 5-2-2 所示。

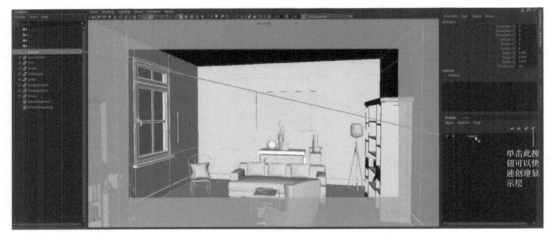

图 5-2-2

单击层旁边的 V 字母，可以交互进行显示或隐藏操作。在具体的实际制作过程中，我们可以通过特定层的显示功能，来简化场景显示，也可以让场景只显示特定要制作的物体或物体组，从而让复杂的场景也可以达到高效的交互操作效果，如图 5-2-3 所示。

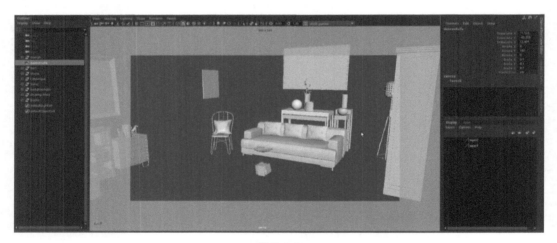

图 5-2-3

步骤 02：为场景中的物体设置基本照明灯光，以便观察材质设置效果。

由于 Arnold 渲染器在无灯光设置的情况下，是没有办法直接渲染呈现场景中物体的效果的，因此我们首先可以为场景创建一个基本的灯光照明条件，以有利于对场景中的物体进行 Arnold 材质制作。后续在对场景进行最终灯光照明效果设置时，我们可以删除当前已创建的基本灯光。

首先给场景创建 Arnold 天光漫射照明效果。在工具架 Arnold 面板中单击"天光图标"【Create SkyDome Light】按钮，可以在场景中快速创建天光照明，如图 5-2-4 所示，这样就开启了全局的漫反射照明效果。

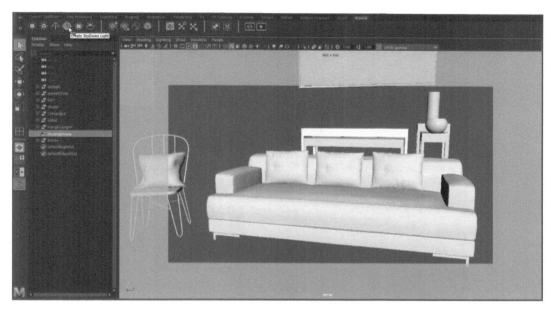

图 5-2-4

由于天光照明是一种漫反射照明,没有明确的照明方向,无法给物体呈现高光照明特性,因此我们需要为场景创建一个带有明确方向的灯光。在工具架 Arnold 面板中,单击"面光"【AreaLight】按钮,为场景创建一盏面光,如图 5-2-5 所示。

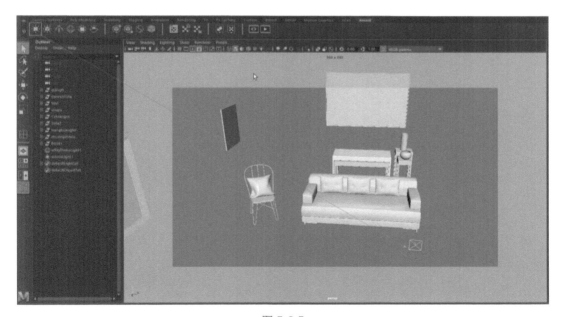

图 5-2-5

对于面光的照明角度,我们可以进行相应的变化属性操作,也可以使用"通过被选择物体查看"【Look Through Selected】命令来进行快速照明视角调整操作,如图 5-2-6 所示。

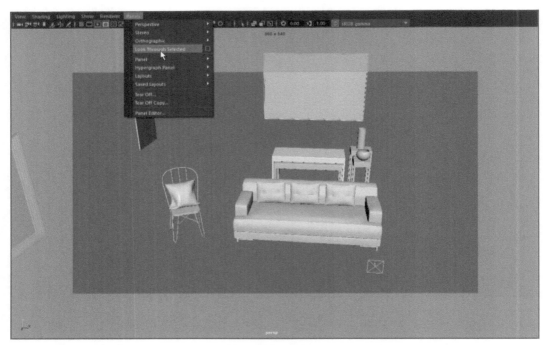

图 5-2-6

调整照明角度大约在物体侧上方 45 度位置,还可以对面光进行显示大小的缩放调节。调节结果如图 5-2-7 所示。

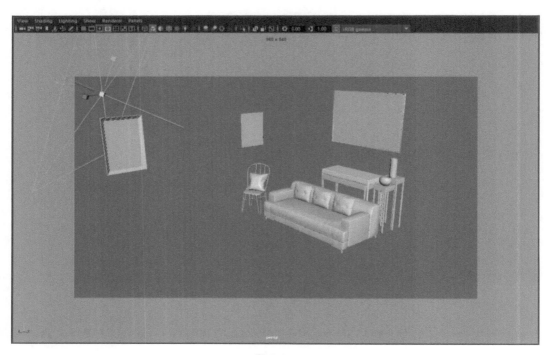

图 5-2-7

基本灯光设置完毕以后，可以利用 Arnold 渲染器的快速渲染预览功能对场景进行交互渲染。首先在 Arnold 主菜单下的子菜单中，单击执行【Open Arnold RenderView】命令，打开 Arnold 渲染器视图窗口，如图 5-2-8 所示。

图 5-2-8

在 Arnold 渲染视图窗口中，可以单击红色三角的"执行 IPR 交互渲染"按钮，让 Arnold 渲染器进入 IPR 交互渲染模式，以便我们可以实时预览场景中的灯光和物体材质调节效果，如图 5-2-9 所示。

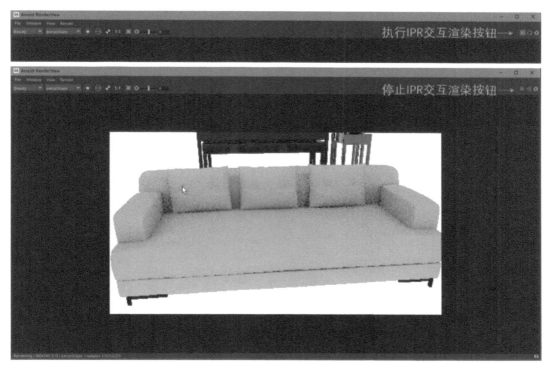

图 5-2-9

步骤 03：制作沙发布料材质效果。

在渲染视图窗口中单击沙发模型或者在场景视图中选择沙发模型，然后打开 Hypershade 材质编辑窗口。单击"被选择物体图表化材质网络"按钮，来观察分析当前沙发模型已经制作好的材质属性连接网络状态，如图 5-2-10 所示。

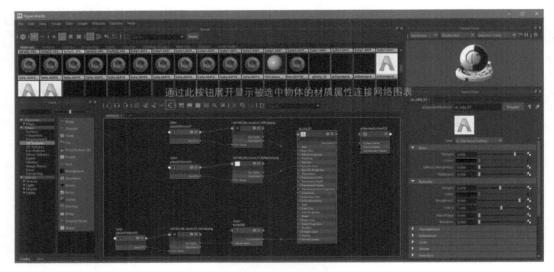

图 5-2-10

在当前材质属性图表网络中，我们能够很清晰地观察到有三张纹理图像，分别对应到 Arnold 标准材质的三个属性上，分别是：颜色属性、高光属性、法线属性，从而分别控制物体的颜色或基本纹理特性、物体的高光颜色和反射能力属性，以及物体的表面凹凸视觉效果等，如图 5-2-11 所示。

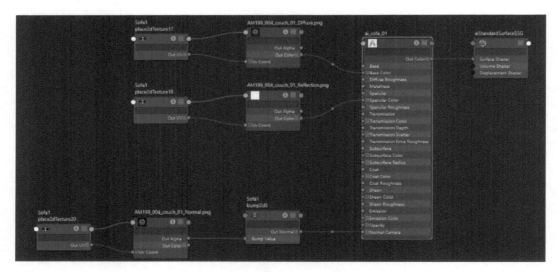

图 5-2-11

为了能够更好地演示和讲解当前沙发模型的材质制作过程与特点，我们可以重新根据沙发模型的 UV 纹理图来绘制更加清晰的布料效果，或者直接搜索下载无缝布料纹理来学习使用，如图 5-2-12、图 5-2-13 所示。

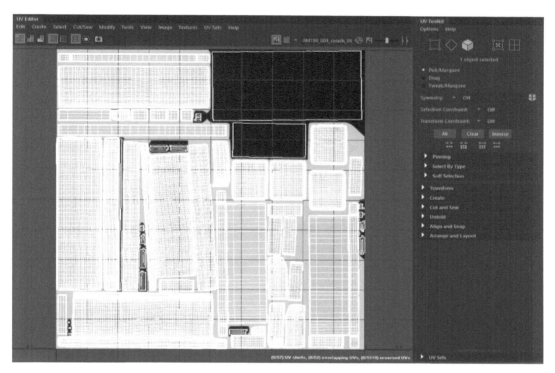

图 5-2-12

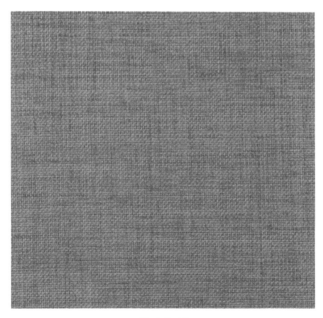

图 5-2-13

首先在 Hypershade 材质编辑窗口中创建 Arnold 标准材质【aiStandardSurface】节点，再为当前材质进行适当的重命名操作，并把当前材质赋予沙发模型，实时查看材质渲染效果，如图 5-2-14、图 5-2-15 所示。

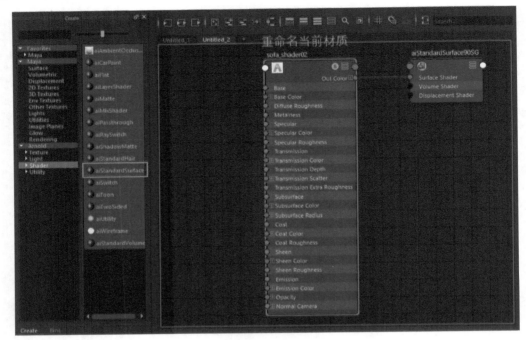

图 5-2-14

图 5-2-15

　　以上是 Arnold 标准材质默认效果,现在开始进行纹理设置。首先单击材质基础属性中的"颜色属性贴图连接"按钮,为基本颜色属性赋予外部布料纹理贴图,并实时预览贴图效果,如图 5-2-16、图 5-2-17 所示。

图 5-2-16

图 5-2-17

此处使用的是无缝布料纹理贴图,如果根据 UV 图来绘制纹理贴图,则可以略过以下步骤。通过预览渲染结果,可以看到布料纹理效果过大,这时可以调节贴图的 2D 放置纹理节点中的【Repeat UV】属性来达到合理的纹理密度效果,如图 5-2-18、图 5-2-19 所示。

图 5-2-18

图 5-2-19

完成基本颜色纹理贴图后,接下来我们就来观察材质的高光及反射效果。由于 Arnold 渲染器的物理特性算法,就是在现实物理世界中,一个物体如果有高光效果,就一定有反射现象产生,区别就在于反射效果强弱,以及镜面反射或模糊反射效果之分等。通过渲染预览可以看到,材质表面有太多高光反射效果产生,不符合棉麻布料的物理特性。通常最直接的做法就是直接设置高光颜色为黑色，这样就可以完全取消材质的高光反射效果了，如图 5-2-20 所示。

图 5-2-20

当然我们也可以利用纹理图像贴图方式来控制高光反射效果，使之能够实现部分区域有高光反射效果，部分区域没有高光反射效果。这里可以先行直接使用 Maya 的程序棋盘格纹理来进行学习、观察和理解，如图 5-2-21 所示。

图 5-2-21

这时可以看到棋盘格纹理白色覆盖的区域就产生了高光反射效果，反之黑色区域就不会产生高光反射效果。这样就可以利用一张图像的黑白灰亮度特性来生成更加写实的材质效果。大家可以根据物体的 UV 布局图，来手动创作高光反射图像，使之有目的地在特定区域产生或不产生高光反射效果，以及反射强度。本教学工程目录中已经有一张高光贴图 AM199_004_couch_01_Glossiness.png，大家可以把此图调节成高对比形态尝试使用，如图 5-2-22 所示。

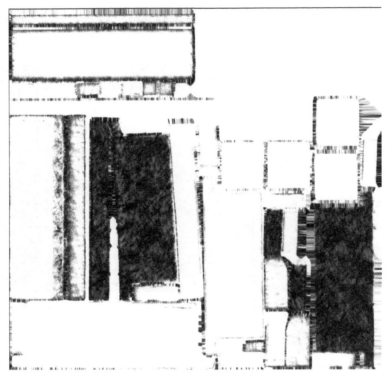

图 5-2-22

渲染预览效果如图 5-2-23 所示，可注意查看与没有高光反射效果时的细微差别。

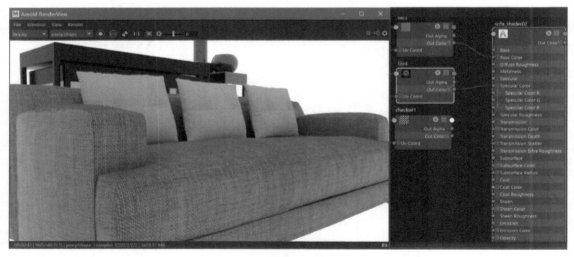

图 5-2-23

接下来开始制作布料表面的针织纹理凹凸效果。在此实例教学中，我们可以直接使用颜色纹理贴图来产生对位的凹凸的效果。在材质节点网络图表中直接连接颜色纹理贴图到材质标签中的 NormalCamera 属性上，实际上就是赋予材质属性中的凹凸贴图属性以纹理图像。连接效果和渲染预览效果如图 5-2-24、图 5-2-25 所示。

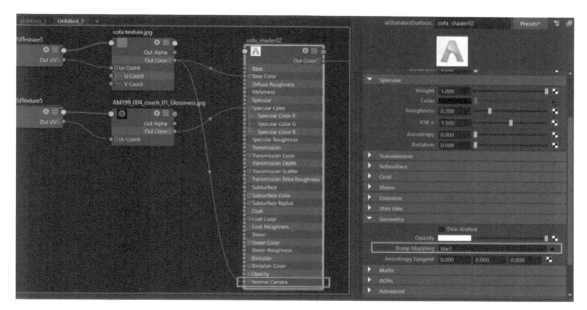

图 5-2-24

图 5-2-25

如果需要调节凹凸深浅效果，这时需要在属性连接之间添加 bump2d 节点。纹理图像输出的是 Alpha 属性。在 bump2d 节点属性中，我们可以调节【Bump Depth】属性值来获得不同的凹凸深浅效果，如图 5-2-26 所示。

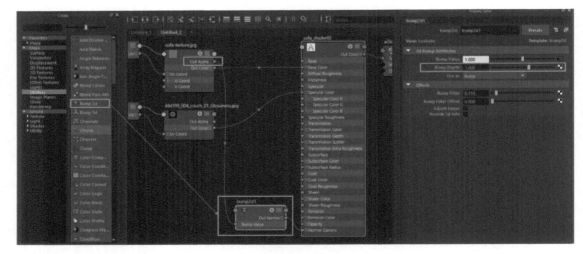

图 5-2-26

图 5-2-27 所示的是不同的参数得到的不同凹凸效果，大家也可以在学习的过程中去体会不同参数的效果，要根据不同的纹理图像来测试出最好的效果参数。

图 5-2-27

此节所讲解的利用 Arnold 渲染器的标准材质来制作布料效果，其目的是让大家有一个最基本的材质理解及制作流程的基本概念。Arnold 的标准材质是 Arnold 渲染器最重要的，也是最常使用的材质类型，覆盖了绝大部分自然世界中可见材质类型的模拟设计制作。希望大家可以结合 Arnold 渲染器的帮助文档来了解更多标准材质的其他属性，不断积累使用经验和制作方法。

5.3 场景中物体的不锈钢金属材质效果制作

5.3.1 制作分析

在自然界中,我们经常能看到不同的金属,比如铜、铁、铝、钢,以及金银等。每种金属在不同的场合环境也会呈现出不同的视觉效果,有些光亮夺目,有些陈旧腐蚀。因此大家在学习的过程中,对于想要制作的金属效果要有明确的材质和质感方向,然后分析出材质的表面纹理特性、高光特性等。通过分析和分解,我们才能更好地制作出想要的材质效果。在本节不锈钢金属材质效果制作教学中,重点是要理解不锈钢材质对环境的要求,因为不锈钢材质具有光亮的表面,有着很高的反射效果,不同的环境会对不锈钢质感产生非常大的影响。另外,要思考如何更好地实现不锈钢物体表面的凹凸雕刻效果。

5.3.2 制作步骤

步骤01:显示已隐藏的装饰物物体,调整视图角度。

首先打开示例场景文件,如果在上一节中有隐藏的装饰物物体,请显示已隐藏的物体,并调整视图角度到本案例所示物体位置,以便更好观察,如图5-3-1所示。

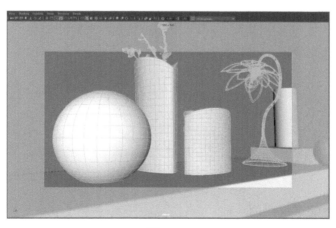

图 5-3-1

步骤02:调整面光照明角度。

在上一节中,我们已经给场景制作了基本的照明灯光,大家可以重新调整面光的照明角度,以有利于给制作物体更好的照明与材质观察效果,如图5-3-2所示。

图 5-3-2

步骤 03：制作不锈钢金属材质效果。

首先我们在 Hypershade 材质编辑窗口中创建 Arnold 标准材质节点，并把当前材质指定给画面中的三个装饰物物体，通过渲染视窗观察材质效果，如图 5-3-3 所示。

图 5-3-3

接下来，我们来调节材质的参数，让材质呈现出不锈钢金属的质感。我们知道，不锈钢物体通常具有很高的反射能力与光泽感，在现实世界里，我们也主要是通过它的反射和高光来感知不锈钢的质感的。在 Arnold 材质中有一个针对金属质感非常重要的参数，就是 Metalness 参数，该参数决定了金属质感的表现特性。当把该参数调节成 1 时，我们在渲染视图中可以看到三个物体开始呈现出非常强烈的金属质感特征了，如图 5-3-4 所示。大家可以与图 5-3-3 作对比来观察具体的区别。

第 5 章　Arnold 室内场景渲染

图 5-3-4

现在来仔细观察渲染画面，可以发现物体中的反射具有一定的模糊现象，如果我们希望反射得更加清晰一些，可以调节【Specular】高光栏参数面板的粗糙度【Roughness】属性。当参数值为 0 时，意味着物体具有百分百完全的反射能力，也就是镜面反射了。在实际学习过程中，大家可以自由调节该参数值来观察效果，如图 5-3-5 所示。

图 5-3-5

通过以上两个参数的调节，我们就可以获得非常逼真的金属材质效果。在本例中，我们还为金属材质添加了表面雕刻凹凸效果，以丰富物体表面的视觉效果。在参数面板中找到【Geometry】几何体参数面板，展开面板，单击【Bump Mapping】参数后面的贴图按钮，在弹出的窗口面板中选择外部贴图文件节点，大家可以使用本案例提供的花瓶凹凸贴图，文件名为 AM199_004_vase_01_Normal.png 图像。材质节点网络如图 5-3-6 所示。

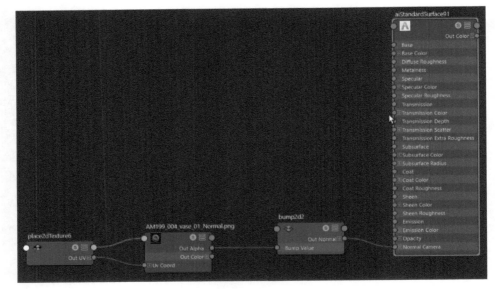

图 5-3-6

通过渲染视图，我们可以看到物体表面已经有了凹凸图案效果了，如图 5-3-7 所示，具体强度大家可以通过调节凹凸节点的【Bump Depth】参数来实现。

图 5-3-7

至此我们就完成了如何利用 Arnold 渲染器的标准材质来实现金属材质效果的最基本步骤和调节方法。Arnold 渲染器有着特殊的物理渲染计算方式，因此在具体材质调节时，也有它特殊的材质参数设定，希望大家理解掌握，可以实现更多的其他金属材质效果。

5.4 场景中物体的玻璃材质效果制作

5.4.1 制作分析

玻璃材质的质感主要体现在透明特性所衍生出的反射、折射现象。因此在三维软件中去制作玻璃材质效果，就一定要合理地控制透明属性，以及反射、折射属性。每个渲染器都有独特的渲染画面的计算方式，以及实现折射、反射效果的独特算法，因此我们在制作透明物体的折射和反射效果的时候，一定要依赖于当前所使用的渲染器。在本节案例中，我们就开始来学习 Arnold 渲染器的玻璃材质实现方法和基本步骤。

5.4.2 制作步骤

步骤 01：显示已隐藏的装饰物物体，调整视图角度。

首先打开示例场景文件，如果在上一节中有隐藏的装饰物物体，请显示已隐藏的物体，并调整视图角度到本案例所示物体位置，以便更好观察，如图 5-4-1 所示。

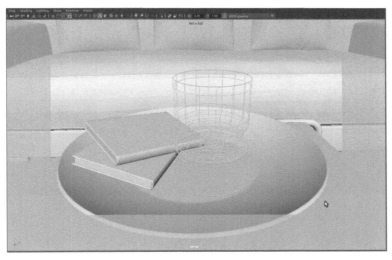

图 5-4-1

步骤 02：调整面光照明角度。

在上一节中，我们已经给场景制作了基本的照明灯光，因此可以重新调整面光的照明角度，以有利于给制作物体更好的照明与材质观察效果，如图 5-4-2 所示。

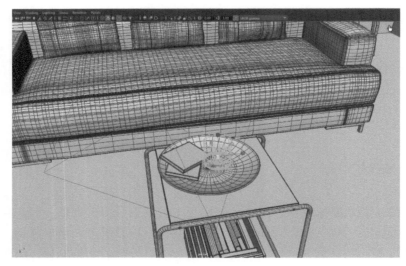

图 5-4-2

步骤 03：制作玻璃材质效果。

首先在 Hypershade 材质编辑窗口中创建 Arnold 标准材质节点，并把当前材质指定给画面中的茶杯物体，通过渲染视窗观察材质效果，如图 5-4-3 所示。

图 5-4-3

接下来，我们就开始调节材质的参数来实现玻璃材质效果。当然首先调节的就是材质的透明属性。在参数面板中导航到【Transmission】透明属性栏，并展开。调节权重【Weight】属性值为 1，物体会呈现完全透明的效果，如图 5-4-4、图 5-4-5 所示。

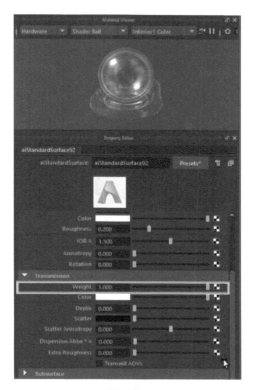

图 5-4-4

图 5-4-5

通过透明权重属性的调节，我们可以看到杯子已经呈现出透明的材质效果，但质感呈现上面还有一些不够细腻的部分。由于 Arnold 标准材质默认的反射特性上施加了一定的模糊反射效果，因此当前杯子呈现出磨砂玻璃的效果。我们可以调节高光【Specular】面板中的粗糙度【Roughness】属性值来改善玻璃的反射效果。设置粗糙度值为 0，可以获得洁净表面的玻璃材质效果，如图 5-4-6、图 5-4-7 所示。

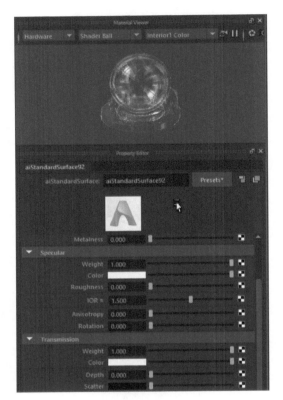

图 5-4-6

图 5-4-7

通过以上参数的调节,我们获得了比较理想的透明材质效果,如果在混合有水、酒、玻璃等透明物体的场景,如何去区分呈现这些物体呢?此时可以调节透明物体的折射率属性来获得不同透明折射效果,通常冰的折射率为 1.30,水的折射率为 1.33,玻璃的折射率为 1.50。Arnold 材质的折射率参数默认为 1.50,那正好就是玻璃的折射率,如图 5-4-8 所示。

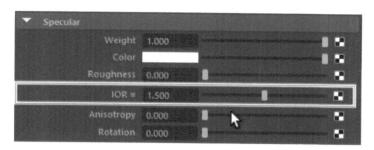

图 5-4-8

如果想要在场景中实现一个彩色的玻璃杯效果，那我们就需要调节透明【Transmission】面板中的颜色【Color】属性来实现。在当前场景中，我们可以调节颜色为橙黄色，如图 5-4-9 所示。

图 5-4-9

通过图 5-4-9 我们可以看到，玻璃杯呈现出了红色特征，与设定的橙色有很大区别。这是因为在 Arnold 渲染器中，此颜色参数是受下方深度【Depth】参数所影响的。因为在自然界中，颜色本身就会受到光线明暗的影响，而呈现出明亮或暗淡之分。透明物体的颜色，不仅受光线明暗影响，更会受到自身的厚薄、折射和反射次数的影响。当调节深度【Depth】参数值为 0.1 时，我们得到的渲染效果如图 5-4-10 所示。

图 5-4-10

这时我们看到玻璃杯的效果发生了很大变化。因此这个参数值需要我们进行多次测试，才可以得到想要的效果。我们还可以发现，随着参数值的增大，玻璃杯在颜色上更加通透明亮。不同的测试效果如图 5-4-11 所示。

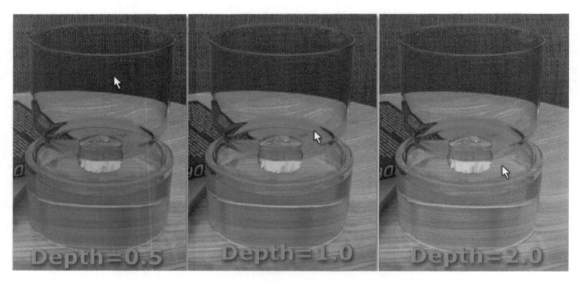

图 5-4-11

当前场景中的玻璃杯有一个不透明的底座部分，但是整个模型是一体构建的，那么该如何实现当前底座不透明的状态呢？这时就需要根据模型的 UV 纹理来绘制不透明贴图。在当前场景的项目工程目录中，我们已经绘制好了一张贴图文件 AM199_002_lamp_01_Refraction.png，让这张贴图文件连接到透明参数的颜色属性中，如图 5-4-12、图 5-4-13 所示。

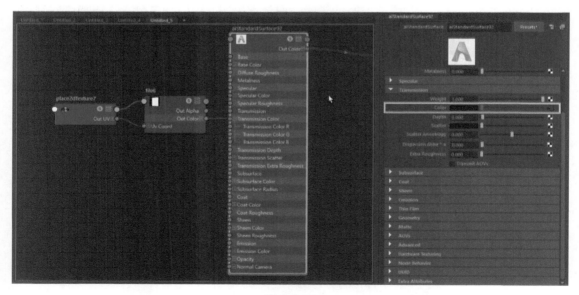

图 5-4-12

图 5-4-13

通过观察渲染图，我们发现玻璃杯的上面杯体部分保持了透明特性，此部分颜色为白色；而下面底座部分则是不透明的状态，颜色为黑色。如果要保持透明部分的颜色特征，那我们有两种方式可以实现：一是在直接绘制贴图时，给该部分区域添加想要的颜色；二是可以在贴图属性中修改图像的颜色增益【Color Gain】属性，调节成想要的颜色效果，此颜色会与白色进行增益叠加，如图 5-4-14 所示。

图 5-4-14

至此，我们已经完成了玻璃材质效果的全部步骤，所涉及参数和步骤方法基本上是 Arnold 渲染器针对透明物体的常用调节方式。大家可以在此基础上积极探索更多的玻璃效果。此案例的重点是要理解透明物体的折射和反射效果所带来的物理现象与透明深度值对颜色的影响。

5.5 场景灯光照明与环境设置

5.5.1 制作分析

给场景进行灯光照明设置，我们要遵循基本的物理照明现象和规律，才可以营造出比较真实的灯光气氛。比如自然光线在不同的天气条件下会有不同的照明效果。晴朗天气，太阳光线会直射物体，光影效果明显，明暗对比强烈；阴天或雨天，天空布满云层，太阳光线透过云层会发生折射，产生光线漫反射的现象，光线变得柔和，物体就会显现出柔和的光影效果。不同的时间点，太阳光线也会呈现出不同的颜色。总之，我们在进行场景照明设置时，一定要充分分析场景的自然条件，比如当前场景，如果我们要进行室内场景照明渲染，就要充分考虑太阳光线是如何进入室内的，光线进入室内又会发生哪些照明现象，室内是否还有其他人工光线的照明等。

5.5.2 制作步骤

步骤 01：创建主摄影机。

创建主摄影机的目的：一是更好地为场景取景使用，起到固定视角的作用；二是有利于在渲染输出的时候使用。Maya 默认的透视摄影机就只有一个辅助视图。我们可以通过"创建"【Create】菜单中找到"摄影机"【Camera】命令，为当前场景创建一个摄影机物体。然后通过"透视视图"菜单中的"面板"【Panel】菜单，把当前透视视图切换到已创建的摄影机视图。打开视图的解析框，可以更好地观察视图可渲染范围。调节视图角度如图 5-5-1 所示。

第 5 章　Arnold 室内场景渲染

图 5-5-1

步骤 02：创建天空光。

我们可以先行删除场景中的已有灯光，然后给场景重新创建 Arnold 的天空光物体，让天空光起到对整个场景的环境光漫射照明效果。我们打开实时预览窗口，并设置预览窗口的摄影机为当前场景所观察的视图摄影机，然后对场景进行实时预览调节，如图 5-5-2 所示。

图 5-5-2

通过渲染的画面我们可以看到室内光线虽然比较昏暗，但是已经有了光线照明的效果呈现，就是因为室外天空光线是通过窗户漫射到室内而产生的效果的。

步骤 03：创建面光源模拟太阳直射光线。

首先将视图切换到透视视图，然后给场景创建 Arnold 面光源灯光，可以在四视图模式下，精准调节灯光照明的位置和角度，如图 5-5-3 所示。

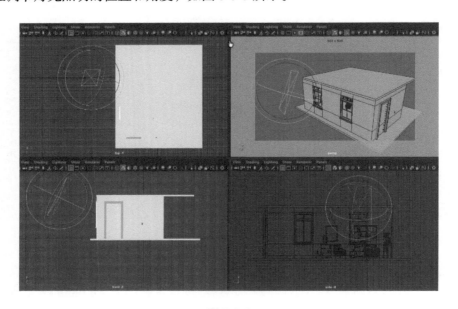

图 5-5-3

接下来，我们可以复制当前面光，然后将它移动到另外一个窗户位置，并保持这两个面光的照射角度一致。这样对于室内场景来说，就有了两个从窗户射进来的太阳光线，能够较为真实地反映当前场景的实际光线照明情况，如图 5-5-4 所示。

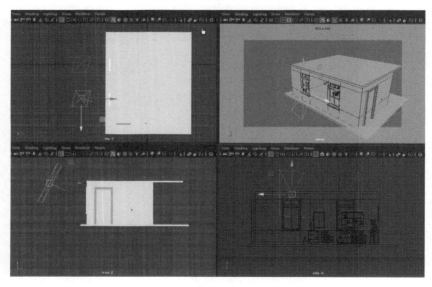

图 5-5-4

现在我们通过 Arnold 渲染窗口实时观察当前面光的照明效果，记住所渲染的视图还是我们所创建的摄影机视图，如图 5-5-5 所示。

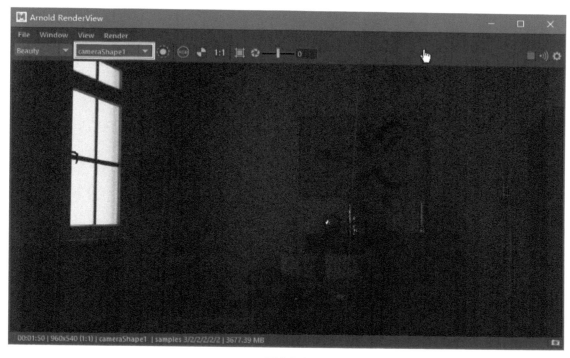

图 5-5-5

通过所渲染视图画面，我们发现这两个面光对场景室内照明并没有发生更亮的照明效果，这时我们就需要综合调节灯光的照明参数。在调整参数时，我们要保证这两个面光在参数设定上的一致性。改变灯光的照明参数及效果，如图 5-5-6、图 5-5-7 所示。

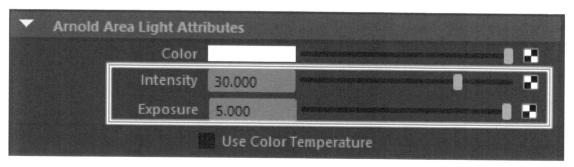

图 5-5-6

图 5-5-7

这时，我们可以看到，灯光参数值设置得很大，其原因就是 Arnold 渲染器在灯光上会模拟真实世界的光线传输原理，有着极大的衰减特性。通过渲染画面，我们看到画面有了一定的亮度增强，但是整个影调太过平淡，太阳光线模拟得也不强烈，物体阴影太过柔和。这是由 Arnold 面光在默认时，其发散照明角度是 180 度，光线不够聚集所造成的。这时，我们来调节面光的扩展角度【Spread】参数值，并观察渲染效果，如图 5-5-8、图 5-5-9 所示。

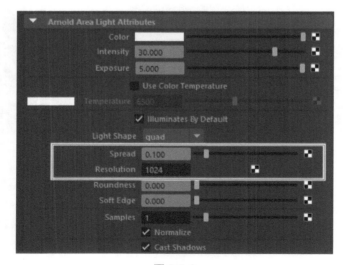

图 5-5-8

图 5-5-9

通过减小扩展角度【Spread】参数值,以及增大解析度【Resolution】参数值,我们可以很明显地看到面光所模拟的太阳光线照明到室内场景物体的效果,物体呈现出比较硬朗的阴影效果。至于整个画面亮度和光影对比效果,我们需要在整个场景的灯光布置完毕后,进行最终的参数综合调节。

步骤 04:创建面光源模拟环境散射直射光线。

接下来我们还需要进一步创建面光源来模拟室外反射光线进入室内所形成的直射照明效果,如图 5-5-10 所示。

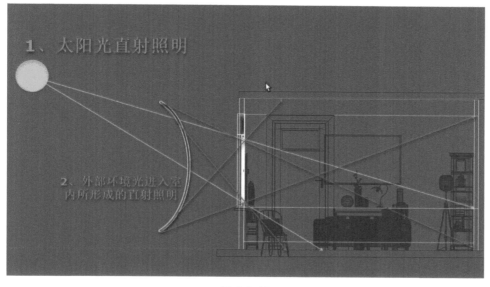

图 5-5-10

通过图 5-5-10，我们就能理解此步骤需要模拟的光线特性。这部分光线处于一个十分散射的状态，照明范围广，但亮度上相对太阳光线要小一些。

我们现在来创建新的面光源，把它放置在窗户处，使光源平面紧贴着外窗户表面，从而让入户光线可以获得最大角度的照明范围，如图 5-5-11 所示。

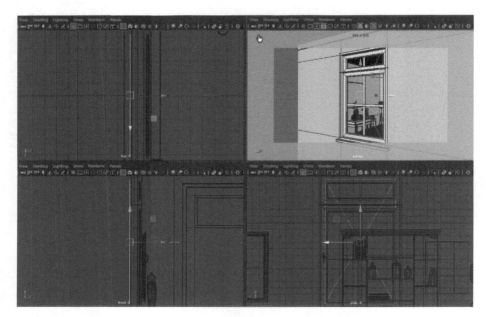

图 5-5-11

接下来，我们再复制此面光，并移动到窗户处。保持默认参数，这时我们可以打开 Arnold 渲染视窗来观察画面渲染效果，如图 5-5-12 所示。

图 5-5-12

通过所渲染的画面，我们发现画面并没有明显的变化，这时就需要打开灯光属性面板来调节灯光参数，以获得较为理想的灯光亮度效果，如图 5-5-13、图 5-5-14 所示。

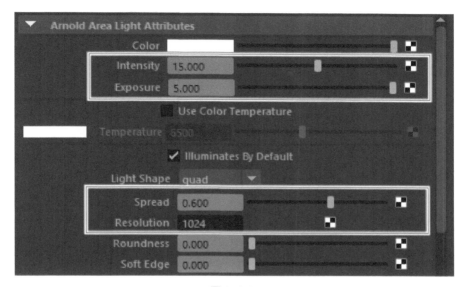

图 5-5-13

图 5-5-14

通过以上参数调节，以及所得到的渲染画面，可以看到画面中的物体都有了比较丰富、较为真实的阴影效果了，同时画面也得到了一定程度的亮度提升。这时整个场景基本上已经获得了一个比较真实的照明光源布置。接下来就要综合调整这些灯光参数，从而获得更好的光影对比、亮度，以及更加美观的照明效果，比如太阳光线这时显得不够强烈，我们就可以结合渲染实时预览方式，来增强太阳光线效果，如图 5-5-15 所示。

图 5-5-15

步骤 05：设置室外环境效果。

室内灯光照明完成以后，我们就可以通过简单方式来设置室外环境，以增强整个画面的生动效果，不至于从窗户看向室外是白茫茫一片的状态。

首先在场景中创建一个 Nurbs 平面物体，适当放大物体，并调整到合适位置，如图 5-5-16 所示。

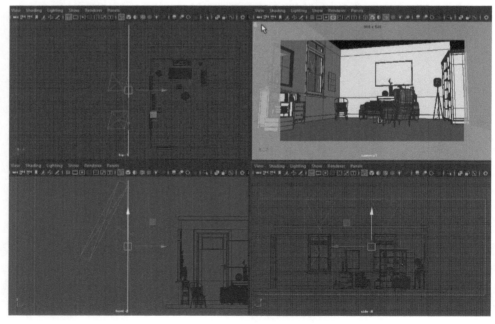

图 5-5-16

然后在 Hypershade 材质编辑窗口中，创建 Lambert 材质，为材质颜色属性指定一张室外环境效果图像。大家可以使用本课程提供的文件名为 shiwaihuanjing.jpg 的图像，然后把该材质指定给 Nurbs 平面物体，如图 5-5-17 所示。

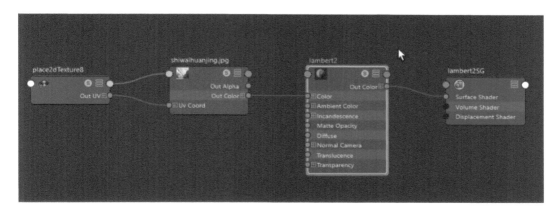

图 5-5-17

我们就可以通过渲染视图来观察图像效果了，如图 5-5-18 所示。

图 5-5-18

在画面中我们可以透过窗户看到室外背景图像了，但太阳光线被平面物体所遮挡，这时就需要调节平面物体和场景中灯光物体之间的关系。打开以物体为中心的灯光关系编辑器（Windows/Relationship Editor/Light Linking/Object Centre），断开平面物体与所有平面灯管之间的联系，并渲染图像，如图 5-5-19、图 5-5-20 所示。

图 5-5-19

图 5-5-20

至此，室外环境图像的设置过程就基本结束了。对于室外环境图像所要显示的区域，大家可以调节平面物体的位置，或者结合调节贴图坐标节点参数来获得理想效果。如果计算机性能优良，也可以直接通过视图纹理显示方式，更加方便直观地调节平面物体的贴图效果，如图 5-5-21、图 5-5-22 所示。

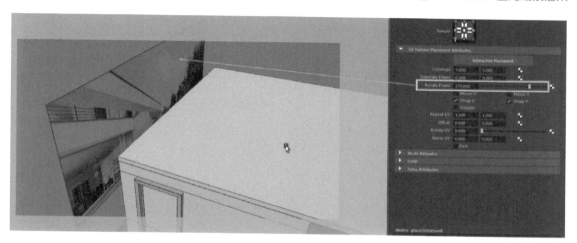

图 5-5-21

图 5-5-22

步骤 06：增加漫反射【Diffuse】光线深度次数。

现在我们打开 Arnold 渲染器的参数面板，在光线追踪深度【Ray Depth】栏中可以看到漫反射【Diffuse】参数，如图 5-5-23 所示。

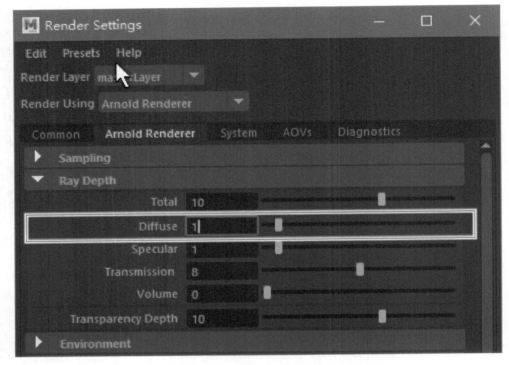

图 5-5-23

该参数定义了光线在场景中物体间可以反弹的最大次数，0 值相当于禁用了漫反射照明效果，增大该数值就是给场景增加更多的光线，也就是指光线在物体之间的反射次数越多，从而使物体的间接受光次数越多，场景也会变得更加明亮。对于密闭室内空间，效果会更加明显，如图 5-5-24 所示。

0值，光线没有发生反弹

1值，光线发生1次反弹，物体间会获得1次漫射效果

2值，光线发生2次反弹，物体间会获得2次漫射效果，画面会更明亮

图 5-5-24

根据该参数原理所示效果，在当前场景，我们可以设置该参数值为 2 或者 3，从而增强画面亮度。当增大该参数值以后，要记得相应增加总计【Total】参数，该参数是其下方参数值的总和。图 5-5-25 所示为【Diffuse】参数设置为 3 的效果。

图 5-5-25

5.6 渲染输出设置

5.6.1 制作分析

当场景的材质和灯光设置完毕以后,接下来的工作就是如何渲染输出高质量的画面效果,其中包括画面的尺寸设置、画面的抗锯齿品质设置等。输出的方法包含两种情况:一是整个画面单次输出,这种输出的画面在后期调整时,调整的手段不够灵活;二是画面进行适当的分层渲染输出。分层输出其实还包括两种方式:一是物体分层,比如把场景中的物体分为前景、中景、背景等;二是画面的通道分层,比如可以分解成高光层、漫射层、阴影层、折射层、反射层等不同的通道画面,然后经过后期软件的合成处理,从而得到最终的画面。物体和通道分层渲染输出的方式,更加有利于后期画面的合成处理。大致流程如图 5-6-1 所示。

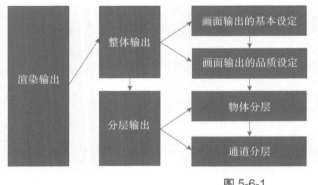

图 5-6-1

5.6.2 制作步骤

步骤 01：画面输出品质设定。

相信大家经过前面章节的学习，对于画面尺寸输出的基本流程参数应该有所掌握，在此就不再讲解了。当前步骤主要讲解画面的输出品质设置。在之前的教学环节中，我们一直保持 Arnold 渲染器默认的采样品质参数，因此看到渲染画面中有比较多的噪点，这就是由于画面抗锯齿及阴影抗噪点采样参数级别不够所造成的。当然，越高的采样品质参数设定，需要花费更多的渲染时间。采样参数面板如图 5-6-2 所示。

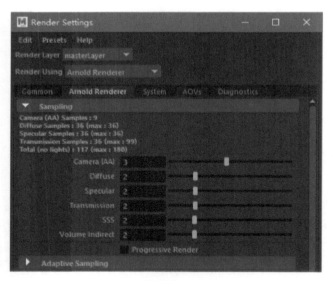

图 5-6-2

在采样【Sampling】参数面板中，这些采样参数用来控制渲染图像的采样质量。这些参数不是线性的，当我们输入一个采样数值时，实际采样数是输入值的平方。例如，如果摄像机【Camera（AA）】样本为 3，则表示将使用 $3 \times 3 = 9$ 个样本进行抗锯齿采样计算。如果漫反射【Diffuse】采样为 2，则 $2 \times 2 = 4$ 个样本将用于 GI 采样计算。其他值也同理计算。

摄影机【Camera（AA）】采样率是其他采样率的全局乘数。比如漫反射【Diffuse】采样，其最终所得到的实际采样总数为 $9 \times 4 = 36$。

在本节中，我们主要讲解关乎整个画面采样级别的两个参数就是【Camera（AA）】和【Diffuse】参数。【Camera（AA）】采样参数，主要用于控制从相机追踪到的每个像素的光线数量。采样数量越多，抗锯齿质量越好，渲染时间越长。实际上，采样参数设为 4 用于中等抗锯齿质量，采样参数设为 8 用于抗锯齿高质量，如图 5-6-3 所示。

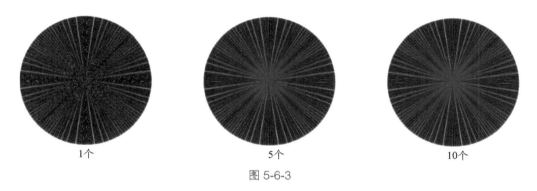

图 5-6-3

漫反射【Diffuse】采样参数，可以通过图 5-6-4 来理解。

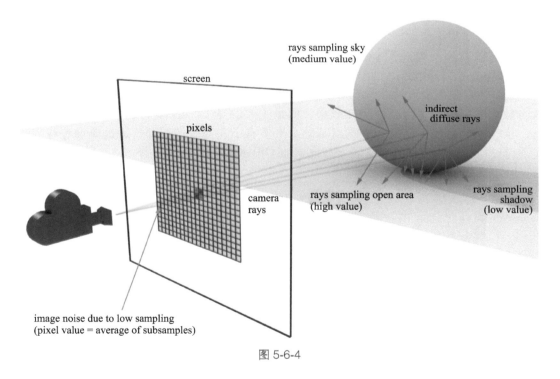

图 5-6-4

该参数值主要计算在半球上获得的反射间接光线时，所产生的光线数量。当漫反射采样大于零时，与漫反射表面相交的摄影机射线会激发间接漫反射光线。光线在半球状漫反射范围内以随机方向发射。当光线不足以解决环境中的值范围时，会导致阴影噪点。半球光线的确切数量是该值的平方。增加漫反射采样的数量将增加从一个点发射的漫反射光线的数量，从而可减少间接漫反射噪点。

在图 5-6-5 所示的示例中，定向光指向封闭的空间。将漫反射【Diffuse】采样设置为 0 时，任何光线都无法从物体表面反射，因此场景中没有间接光线。将漫反射【Diffuse】采样增加到 1，可使漫反射光线在场景周围反弹。但是，它会产生嘈杂的结果，尤其是在场景的角落。将漫反射【Diffuse】采样增加到 3，可获得更好的结果。在实际渲染场景过程中，要谨慎调节此参数值。采用逐步增加的方式，来改善漫反射现象所带来的画面噪点情况。

0（仅直射光，没有GI漫反射）　　1（由于样本数量少而产生的噪声）　　3（增大此值可得到更清晰的GI漫反射结果）

图 5-6-5

回到本案例，我们也可以采用逐步增加参数的方式来调节测试。由于 Arnold 渲染器是基于物理算法的，从理论上来说，完全无噪点的画面是很难获得的，特别是一些相对密闭的场景。因此在增加调节采样参数，获得满意、可接受的抗噪点画面的同时，也要考虑渲染时间的经济时效。总之，画面采样品质和渲染时间是一对矛盾体，我们只能在需求面前，适配一个可接受的平衡点。

大家可以看到，当设置【Camera（AA）】采样为 3，【Diffuse】采样为 6，与【Camera（AA）】采样为 6，【Diffuse】采样为 3 时相比较，虽然两组参数得到的最终画面采样数量一致，但第一组参数主要反映在漫反射【Diffuse】采样对于画面的改善。而第二组参数相比较默认参数，不仅改善了漫反射采样效果，而最主要的是【Camera（AA）】采样数值的大幅提高，让整个画面在抗锯齿和去噪点基础水平上有了几何级的提高，因此画面在噪点呈现上表现得更加细腻，但在渲染时间上却也增加了很多，如图 5-6-6、图 5-6-7 所示。

图 5-6-6

图 5-6-7

因此，我们在渲染时，应首先适当增加【Camera（AA）】摄影机的采样数量，建议值在 4 至 6 之间，然后再去调节漫反射【Diffuse】采样的数值，逐渐增加。此场景最终渲染采样参数值【Camera（AA）】采样为 6，【Diffuse】采样为 8，效果如图 5-6-8 所示。

图 5-6-8

步骤 02：Arnold 渲染器去噪点功能设置。

虽然在图 5-6-8 中，我们已经设置了很高的抗噪点采样参数，但画面中依然可以看到噪点的存在。针对这种情况，Arnold 渲染器提供了一个内置的去噪点【Arnold Denoiser】工具，可使我们最大程度上获得一张干净效果的画面。要使用此命令，我们需首先在 Arnold 渲染器 AOVs 参数面板中勾选"输出去噪"【Output Denoising AOVs】功能，如图 5-6-9 所示。

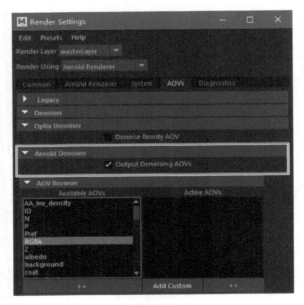

图 5-6-9

然后在输出图像格式选项中，可以选择【exr】格式，并勾选"合并 AOVs"【Merge AOVs】选项。设置好输出路径和文件名，执行 Maya 批量渲染输出命令（Render/Batch Render），等待渲染输出结果。渲染输出的图像可以在 Arnold 渲染视图中打开，如图 5-6-10、图 5-6-11 所示。

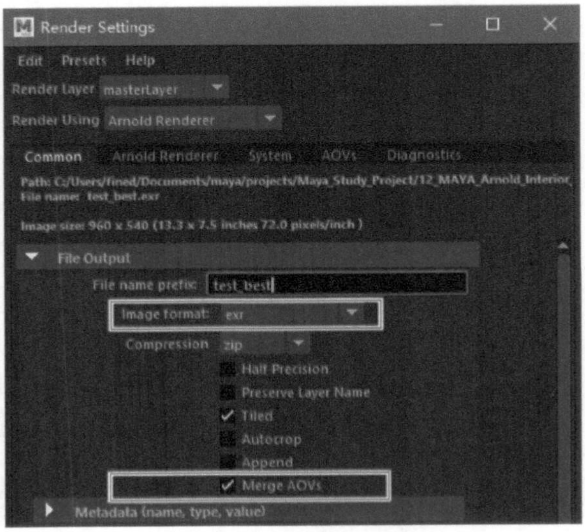

图 5-6-10

图 5-6-11

这时，我们可以使用 Arnold 渲染器所提供的去噪工具来进行画面的降噪处理了。在 Arnold 菜单中导航到去噪菜单命令【Arnold/Utilities/Arnold Denoiser（noice）】，并执行该命令，如图 5-6-12 所示。

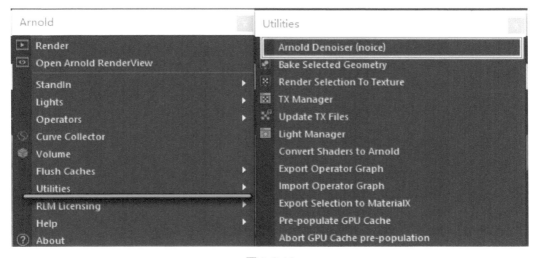

图 5-6-12

在该命令参数面板中，选择我们刚渲染输出的图像，其他参数可以保持默认状态，如图 5-6-13 所示。

图 5-6-13

当执行完该命令后，我们就可以得到一张去除噪点的画面了，如图 5-6-14 所示。

图 5-6-14

Arnold 渲染器是一个采用高真实物理算法的渲染器，也是目前影视创作中使用最主流的渲染器。由于本书篇幅有限，大家要想更好地掌握 Arnold 渲染器，还需要进行更多的学习和实践。随着 Arnold 渲染器不断的发展，新版本也会带来更多新的功能和新的制作方法。只有与时俱进，才能不断提高应用制作水平。

参考文献

1. Autodesk Maya 2018 帮助文档 . http://help.autodesk.com/view/MAYAUL/2018/CHS/
2. 陈路石，蔡明秀，孙源 . Maya 2010 完全自觉教程［M］. 北京：人民邮电出版社，2010.
3. 完美动力 . Maya 材质［M］. 北京：海洋出版社，2012.
4. 杨桂民，张义健 . Maya 材质灯光渲染的艺术［M］. 北京：清华大学出版社，2016.
5. 杨静波，古明星 . 三维动画渲染项目教程——Maya 材质和渲染［M］. 北京：电子工业出版社，2014.